嘉善县
耕地质量

陈 伟　徐锡虎　主编

U0306574

中国农业科学技术出版社

图书在版编目（CIP）数据

嘉善县耕地质量 / 陈伟，徐锡虎主编. —北京：中国农业科学技术出版社，2020.3
ISBN 978-7-5116-4625-5

Ⅰ.①嘉⋯ Ⅱ.①陈⋯ ②徐⋯ Ⅲ.①耕地资源—资源评价—嘉善县 Ⅳ.①F323.211

中国版本图书馆 CIP 数据核字（2020）第 030758 号

责任编辑　贺可香
责任校对　马广洋

出 版 者　中国农业科学技术出版社
　　　　　　北京市中关村南大街12号　　邮编：100081
电　　话　（010）82106638（编辑室）　（010）82109702（发行部）
　　　　　　（010）82109709（读者服务部）
传　　真　（010）82106638
网　　址　http://www.castp.cn
经 销 者　各地新华书店
印 刷 者　北京建宏印刷有限公司
开　　本　710mm×1 000mm　1/16
印　　张　13.25
字　　数　230千字
版　　次　2020年3月第1版　　2020年3月第1次印刷
定　　价　68.00元

《嘉善县耕地质量》

编委会

主　　编　陈　伟　　徐锡虎

副 主 编　应　霄　　陈　琳　　姚桂华　　陆学峰

编写人员　曹舜刚　　蔡　江　　顾林峰　　计艺峰

　　　　　浦超群　　沈　丹　　夏亦迪　　许　洪

　　　　　许　唯　　俞宏斌　　俞　倩

前　言

　　耕地是农业生产中最基本的生产资料，开展耕地地力调查与质量评价是实现从传统农业向精准农业、现代农业转变不可缺少的基础性工作，也是有效保护和合理利用有限的耕地资源，促进农业结构战略性调整，发展安全优质农产品，打造绿色高效生态农业的重要手段。通过耕地地力评价，摸清了区域范围内土壤类型、面积分布、肥力状况、养分状况和耕地综合生产能力的状况，找到了土壤障碍因素，提出了治水改土、轮作增效、科学施肥等综合技术措施，为今后指导嘉善县农业绿色发展，促进农业可持续发展具有重大意义。

　　2008年，嘉善县被列入农业部测土配方施肥试点补贴资金项目县，在省、市土肥部门的领导下，嘉善县严格按照《测土配方施肥技术规范》要求，精心部署，严格落实，圆满完成了嘉善县测土配方施肥的各项工作。根据耕地质量三等六级的分等定级标准，对获得的大量野外调查、土壤检测和试验示范等数据进行多种指标综合分析，基本摸清了嘉善县内耕地地力和环境质量状况。结合第二次土壤普查、土地利用现状调查等成果资料，完成图件数字化、评价指标体系建立、地力等级评价、成果图编制等工作，完善了嘉善县内耕地资源管理与配方施肥信息系统。

　　为将耕地地力评价成果应用于耕地管理和农业生产，在浙江省农业农村厅、嘉兴市农业农村局的指导下，我们编写了《嘉善县耕地质量》一书。本书首次对嘉善县耕地地力进行分等定级，阐明了不同级别耕地地力的面积、特点、分布情况和生产性能；阐述了嘉善县耕地养分情况及变迁情况；阐述了嘉善县自然条件与农业生产情况、土壤资源特点、耕地开发利用与管理、耕地地力评价方法、耕地资源管理信息系统的建立、耕地地力综合评价与对策建议等。

本书以嘉善县统计年鉴为基础，但我们的水平有限，敬请读者给予指正。现值《嘉善县耕地质量》一书出版发行之际，感谢每一位嘉善县农业工作者的辛勤耕耘。

编者

目　录

第一章　自然与农业生产概况 ……………………………………… 1

　第一节　县域基本概况 ……………………………………… 1

　第二节　自然条件 ……………………………………………… 3

　第三节　农业生产概况 ……………………………………… 5

第二章　土壤资源与利用 …………………………………………… 8

　第一节　土壤类型和分布规律 ……………………………… 8

　第二节　耕地开发与利用 …………………………………… 11

第三章　土壤养分状况 ……………………………………………… 16

　第一节　总体情况 …………………………………………… 16

　第二节　有机质和大量元素 ………………………………… 17

　第三节　中量元素 …………………………………………… 22

　第四节　微量元素 …………………………………………… 25

　第五节　其他属性 …………………………………………… 29

第四章　耕地质量评价与利用 ……………………………………… 32

　第一节　调查的方法与内容 ………………………………… 32

　第二节　评价依据及方法 …………………………………… 44

　第三节　耕地资源管理信息系统建立与应用 ……………… 52

　第四节　耕地地力分级与利用 ……………………………… 62

第五章　耕地质量综合评价与对策建议 ································ 86

　　第一节　耕地质量综合评价与提升的对策建议 ················ 86

　　第二节　耕地资源合理配置与种植业结构调整对策建议 ············ 92

　　第三节　作物平衡施肥与无公害农产品基地建设对策建议 ········· 95

　　第四节　加强耕地质量管理的对策与建议 ················ 98

附录1　嘉善县耕地地力评价调查点土壤养分状况 ················ 101

附录2　嘉善县耕地地力评价工作大事记及相关附图 ················ 193

第一章 自然与农业生产概况

第一节 县域基本概况

一、地理位置

嘉善县地处太湖流域杭嘉湖平原，位于浙江省东北部，江浙沪两省一市交会处，东经120°44′22″~121°1′45″、北纬30°45′36″~31°1′12″。境域轮廓呈"田"字形，东邻上海市青浦、金山两区，南连平湖市、嘉兴市南湖区，西接嘉兴市秀洲区，北靠江苏省吴江市和上海市青浦区。全县总面积506.6km²，其中陆地占85.71%，水域占14.29%。地势南高北低，平均高程3.67m（吴淞标高）。县城魏塘街道、罗星街道东距上海市90km，西距杭州110km，南濒乍浦港，北接苏州，处于长江三角洲的中心地带。

二、行政区划

嘉善县辖3个街道6个镇：魏塘街道、罗星街道、惠民街道、大云镇、干窑镇、姚庄镇、西塘镇、陶庄镇、天凝镇，下设104个村民委员会，45个（社区）居民委员会，县人民政府驻地罗星街道。2010年年末，全县总人口38.41万人，人口密度758人/km²。其中农业人口20.42万人，占总人口数的53.16%。

三、农村经济概况

嘉善县在历史上是一个纯产粮区，有"嘉禾一壤，江淮为之康；嘉禾一歉，江淮为之俭"的谚语。新中国成立以后,进行土地改革,开展互助合作,逐步推行农业机械化、电气化、水利化、化学化,大力推广先进科学技术和耕作制度,农业生产迅速恢复和发展,1958年粮食亩(1亩=667m²,全书同)产达到270kg。党的十一届三中全会以后,实行家庭联产承包责任制,极大地调动了农民的生产积极性,农民有了生产自主权。1985年农村进行第二步改革,开始调整农业产业结构,大力发展商品性生产,生猪、家禽、水产的养殖量迅速增加,番茄、西瓜、蘑菇等瓜菜有新的发展。全县逐步形成以粮油、蔬果、蘑菇为主的种植业,以畜、禽为主的养殖业,以食品、轻纺、建材为主的乡村工业和商、运、服同步配套协调发展的农村产业结构。1985年,嘉善县被列入长江三角洲经济开发区,1986年3月被列为开放地区。

进入20世纪90年代后,嘉善县以"农业增效,农民增收,增加社会有效供给"为目标,抓好粮食生产,调整产业结构,推进农业产业化经营,开展科技兴农,落实各项为农服务措施,农村经济获得了持续、协调、快速地发展。1994年,被列为国家级商品粮生产基地县,同时获得国家林业部的"平原绿化县"称号。进入21世纪,嘉善县紧紧围绕率先基本实现农业和农村现代化为目标,积极调整农业产业结构,大力扶持优势农产品发展,推进农业生产区域化布局,提升农业产业化经营水平,提高了农业综合生产能力和农产品市场竞争力,农业和农村经济实力大大增强。2002年以来连续位列全国百强县。据初步统计,2009年全县实现地区生产总值227.33亿元,按可比价格计算,比2008年增长10.5%。按户籍人口计算,人均生产总值达59 437元,比2008年增长10.3%。第一产业增加值17.50亿元,比2008年增长3.3%;第二产业增加值133.53亿元,比2008年增长9.9%;第三产业增加值76.30亿元,比2008年增长13.5%。三次产业结构比由2008年的7.9∶60.1∶32.0调整到2009年的7.7∶58.7∶33.6。比2008年减少8.8%。图1-1、图1-2是嘉善县农业总产值情况和农村居民人均纯收入历年比较图。

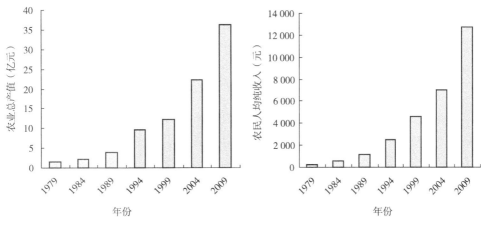

图1-1 嘉善县历年农业总产值情况　　　　图1-2 嘉善县农村居民人均纯收入情况

第二节　自然条件

一、地形、地貌特征

嘉善县位于扬子准地台内钱塘台褶带东北的余杭—嘉兴台陷的东北端浙北平原区东北部，为大面积第四系覆盖区。在地形上，绝大部分属于水网平原地区水稻土，全县地势低平，河湖密布，自东南向西北缓缓倾斜，成土母质上本县因受湖、河、海的影响，母质类型较为复杂，以湖相沉积为主，伴有河、海相的影响，并有交替的多次沉积，这种不同类型的沉积物，在相异的地段经历沼泽潜育化，草甸化等自然成土过程，而后经过长期的耕作熟化，形成了各类耕作土壤。同时又受地形制约，呈现一定的规律性。沪杭铁路以南地区，成土母质为河湖沉积物，质地以重壤为主；以北地区以湖沼相为主，并有河湖相沉积物相间存在，土壤类型较为复杂。在地貌上，境内地势低平，河湖密布。自东南向西北缓缓倾斜，东南部的大通、大云一带较高，西北部的陶庄、汾玉一带较低。全县平均高程为3.67m（吴淞标高，下同），地面高差不到2m。仅东南部个别孤丘超过4.5m。河流走向大多为西南—东北向，汇入黄浦江。地表均为第四系沉积物所覆盖。依微地形结构，沿三店塘—凤桐港—伍子塘—茜泾塘—清凉庵一线，境域分为北部低地湖荡区和南部碟缘高圩区。

二、气候特点

嘉善县位于北亚热带南缘的东亚季风区，我国东部沿海地带，属于典型的亚热带季风气候，温和湿润，雨量充沛，光照充足，无霜期长，且四季分明，具有春湿、夏热、秋燥、冬冷的特点。历年平均气温15.8℃，1月最冷，月平均气温3.7℃；7月最热，月平均气温27.8℃。历年平均初霜日11月14日，终霜日3月25日，平均无霜期233.6d。平均初结冰日11月29日，年平均结冰天数39d。年平均降水量1 155.7mm。最高年（1999年）为1 683.4mm，最低年（1978年）为695.1mm。全年降水季节分配不均，呈"双峰形"特点，一年中有两个雨季（春雨梅雨期和台风雨期）和两个相对旱季（伏旱和秋冬旱）。历年平均降雪日数7.8d，1月最多，达3.5d。最大积雪深度22cm，出现在2008年2月2日。历年平均日照时数1 927.3h，其中，1—2月最少，平均在125h以下；而7—8月最多，平均在210h以上；历年平均风速3.1m/s，瞬间风速≥17m/s的大风平均每年5.4d。历年出现的最大风速35.5m/s（12级以上），出现在1987年3月6日。

三、水文地质

嘉善县水文站创建于民国18年（1929年）5月，6月始测降雨量，并观测魏塘市河水位。民国20年5月，在西塘设专用站，观测西塘市河水位。1975年增设西塘红旗塘水文站，1977年9月，又增设俞汇池家浜、陶庄东珠浜、姚庄清凉及大舜坟头4个测站。全县水域面积总计72.40km²，占区域面积的14.29%，河流总计长度1 693.7km。境内主要湖荡河流有：汾湖、长白荡、马斜荡、蒋家漾、夏墓荡、祥符荡、芦墟荡、伍子塘、长生塘、红旗塘、幸福河等。因水系东泄，北汇通道仅黄浦江一条，又水位落差极小，故众多的河荡对洪涝的自然调节作用较差，多患涝灾。常水位以下总库容为1.49亿m³，2.66～4.0m水位可调蓄库容0.85亿m³；单位面积河道长度3.34km，库容29.40万m³，2.66～4.0m水位可调蓄库容16.8万m³。

多年平均年径流深在350～400mm，平均年径流量为1.89亿m³。年平均水位2.66m，历史最高水位4.23m（1999年6月30日），最低水位1.88m，（1970年2月17日），警戒水位3.30m。由于西承嘉兴、崇德大运河及江苏太浦河来水过境，东受上海黄浦江潮汐影响，东部地区潮水涨落明显。县东部最大潮差为

0.73m，中部最大潮差为0.47m，西部潮差在0.1m以下。丰水年份，路北地势低洼地区因西来过境水量大，再加上黄浦江潮水顶托，流速缓慢，泄水不畅，极易酿涝成灾。嘉善县多年平均水资源总量为2.3亿m³，人均水资源占有量为604m³，相当于全省人均水资源占有量的1/4。

第三节 农业生产概况

一、农业发展历史

农业是自然再生产和经济再生产交织进行的社会生产，既受自然规律的影响，又受社会经济技术条件的制约。嘉善县历史上是个纯产粮区，是典型的"鱼米之乡"。大量出土文物证明，早在6 000多年前，先人已在沼泽开田，火耕水种，从事水稻种植。隋唐时期，随着江南大运河的开通，成为向朝廷送交皇粮的重要产粮区。但是解放以前，占总户数2.82%的地主，占有55.06%的土地，这种封建土地所有制，长期束缚着生产力的发展。加上历代统治阶级的剥削、压迫更兼灾害频繁，战乱不断，生产工具和技术水平落后，劳力不足，产量很不稳定，农民生活贫困。

1949年5月解放，由于经历了长期战乱，这年又遇水灾，受淹农田10余万亩，致使农业歉收。粮食总产9.78万t，油菜籽1 280.3t，均低于新中国成立前常年产量，鲜茧产量43.5t，更低于历年常年产量；生猪饲养量2.69万头，鱼产量700t，农业总产值4 314万元，农村经济处于十分困难的境地。土地改革以后，逐步推行农业机械化、电气化、水利化，大力推广先进科学技术和耕作制度，农业生产迅速恢复和发展。1958年全县粮食亩产达到270kg。但是，受3年自然灾害和"文化大革命"的影响，农业发展又陷入僵局。

党的十一届三中全会以后，推行家庭联产承包责任制，开展多种经营，发展二三产业，实施科技兴农，增加对农业的投入，疏通流通渠道，提高农产品收购价格，促进了农业的发展。据1980—1992年统计，1992年农业总产值4.2亿元，比1976年增2.92倍，年递增8.9%，粮食产量除1980年和1981年在25万t以下外，其他年份都在30万t以上，其中1984年产量达39.59万t。油菜籽产量逐年上升，1985年最高产量达15 119t；蚕茧产量一直稳定在万担左右；生猪饲养量连续稳定在55万头以上；渔业生产1992年渔产品量达10 936t，比1976年增长9.87倍，农业生产条件逐年得到改善，1992年全县农业机械总动力达34.14万kW，农村用电13 627.86万度，比1976年增3.64倍，农村经济总收入自1984—1992年每年平均以21.8%的速度递增。

进入90年代以后，嘉善县以农业产业调整为主线，促进农业增收，农民增效为目标，大力发展"一优两高"农业，积极实施"万亩亿元工程""种子种苗工程""金桥工程"，农业产业化经营取得显著成果。

二、农业发展现状

进入21世纪新阶段，嘉善县以农业增效、农民增收，率先实现农业和农村现代化为目标，以粮食购销市场化改革为契机，大力发展区域优势农产品，提升农业产业化经营水平，提高农业综合生产能力和农产品竞争力，取得了明显效果。近年来，嘉善县围绕都市型农业发展方向，大力调整农业产业结构，发展高效生态农业和精品农业，形成了"四色产业带"（图1-3）。绿色产业带，主要是大棚设施栽培，全县大棚种植面积居浙江省第一；白色产业带，主要是食用菌（蘑菇），现有栽培面积居浙江省第二；第三是蓝色产业带，主要是北部淡水养殖；第四是彩色产业带，主要是花卉产业。

图1-3 嘉善县特色产业带

　　2009年，嘉善县农业总产值达到36.26亿元，其中农业、林业、牧业、渔业产值分别达到22.67亿元、106万元、8.78亿元。粮食总产量18.99万t，43.22万亩（15亩=1hm²。全书同），油菜籽4.51万亩，蔬菜（包括菜用瓜）23.44万亩，其中大棚菜瓜面积4.90万亩，花卉苗木1.23万亩，水果2.02万亩，春秋两季食用菌面积473万m²，年内生猪出栏数83.08万头，优质家禽701.02万羽，淡水养殖3.44万亩，初步形成粮油、菜瓜、食用菌、水果、花卉、水产等几大优势主导产业，魏塘镇的甜瓜、杨庙镇的雪菜、丁栅镇的甲鱼、姚庄镇的蘑菇、干窑镇的大米、西塘镇的蛋鸭等等已有一定的知名度。"干窑大米""锦绣黄桃"等多个农产品并被认定为浙江省著名商标，农业发展成效突出，农民收入得到持续增长。到2011年10月，已创建了2个现代化农业示范园区、8主导产业示范区、10特色农业精品园；建设了农业网络信息和农技110服务中心为主体的农业服务新体系。

　　嘉善县农产品基础设施投入逐年递增，2009年全县机耕面积为43.35万亩，占耕地总面积的95.23%，有效灌溉面积达43.35万亩，占耕地面积的95.23%，旱涝保收面积37.35万亩，占耕地面积的82.05%。

第二章 土壤资源与利用

据嘉善县国土资源局统计，2002年年末全县辖区面积76.15万亩，其中农用地面积51.12万亩，占67.13%；建设用地面积14.72万亩，占19.33%；未利用地面积10.31万亩，占13.54%，包括河、湖水面面积10.00万亩，其他未利用地0.31万亩（图2-1）。

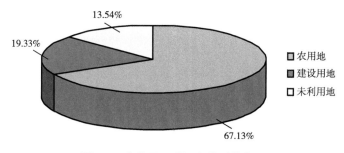

图2-1 嘉善县区域面积类型分布图

第一节 土壤类型和分布规律

一、土壤分布规律

嘉善县是典型的水网平原，土壤类型受地形、地貌、水文、母质及人为活动的深刻影响，土壤种类的分布呈现一定的规律性。路南地区的碟缘高田，地势较高，冬、春地下水位稳定在46cm左右，母质以河相沉积为主，土壤类型分布多见黄斑塥田、黄心青紫泥田。路北地区的低洼圩田，地面高程较路南要低，土壤母质以湖沼相沉积为主，并有河湖相沉积物相间存在，土壤类型较为复杂，以土层中有腐泥层的青紫泥田、黄化青紫泥田、黄心青紫泥田土种为主。在红旗塘和夏墓荡等大荡漾四周的倾斜地形地段，分布有因倾斜漂洗而形成的白心青紫泥田。干窑、洪溪、天凝、下甸庙等地，由于长期的取泥制坯，地面表层剥夺严重，土壤的发生层次区相对提高，可见到大量的黄斑塥土种分布，红旗塘两边窑业，因地面剥夺原分布着的白心青紫泥田，已变成为白塥青紫泥田。俞汇、丁栅及陶庄、汾玉一线，受微地貌影响，略高于低洼圩田的岛状圩田土体中，可见到脱潜程度较明显，犁底层下出现一面积大于20%小于50%的黄化层次，是黄化青紫泥田的主要分布地域。

综观全县的土壤分布，从南到北为：碟缘高田的黄斑田、青塥黄斑田—黄心青紫泥田及由取土做坯造成的去头黄斑塥田—红旗塘两岸的白心青紫泥田—低洼圩田的青紫泥田、腐塥（腐心）青紫泥田—岛状圩田的黄化青紫泥田。

二、土壤类型

嘉善县耕地类型区属于南方稻田耕地类型区，并分属平原河网稻田亚区，耕地主要分为水田、旱地两类。

（一）水 田

全县水田面积占耕地面积的95.1%（表2-1），嘉善县的水田土壤均属水稻土，具有较深厚熟化的耕作层；土壤剖面具有深厚而又明显的斑纹层。土体结构良好。具有较好的水、肥、气、热环境因素，调节缓冲力强，宜水、宜旱、高产、稳产。根据土壤分类系统，嘉善县水田主要分为水稻土、潮土两个土类，下分5个亚类，7个土属，13个土种（表2-1）。

（二）旱 地

全县旱地面积占耕地面积的4.9%，土壤类型主要为潮土类，面积较少。土壤母质为湖河浅海相沉积物，经长期的旱作熟化下形成的土壤类型，有部分是农田基本建设中新开河道，平整土地时人工堆叠而成，分为潮泥土和堆叠土二大土属。潮泥土是嘉善县近城、镇的部分水田划出来，作为蔬菜地。由于水田变旱地，通过精细耕作，成为熟化的旱地土壤；还有嘉善县六十年代围垦湖荡，通过农田水利建设改良而成的旱地土壤，大多以种桑为主，也有少量种杂粮与番薯。分布在西塘镇北片，丁栅镇一带。堆叠土，在全县11个镇均有分布,以路南和红旗塘两岸各镇居多,由于开凿或疏通河道,平整土地堆叠而成,剖面层次杂乱。

随着嘉善县农业产业结构不断优化调整,效益农业不断推进,蔬菜、瓜类、园地等相对旱地的经济作物面积不断扩大、逐渐向水田转移,水旱轮作成为嘉善县大棚作物主要的耕作方式,这对缓和季节性土壤水、气、热矛盾有明显的调节作用。据嘉善县2009年统计,全县耕地总播种面积73.79万亩,其中粮食作物43.22万亩,蔬菜23.44万亩,西甜瓜2.97万亩,花卉苗木1.23万亩,其他1.40万亩。

表2-1　嘉善县土壤类型表

土类		亚类		土属		土种		
代号	土名	代号	土名	代号	土名	代号	土名	面积（亩）
8（5）	潮土	81（51）	灰潮土	815（515）	潮泥土	815-1（515-1）	潮泥土	6 375.4
				816（516）	堆叠土	816-2（516-2）	壤质堆叠土	2 135.7
10（7）	水稻土	102（71）	渗育水稻土	1026（727）	小粉田	1026-3（727-30）	青紫头小粉田	6 652.4
		103（72）	潴育水稻土	1038（726）	黄斑田	1038-1（726-1）	黄斑田	88 646.3
						1038-2（726-2）	青塥黄斑田	38 520.7
						1038-7（726-7）	泥汀黄斑田	905.9
		104（73）	脱潜潴育水稻土	1041（731）	黄斑青紫泥田	1041-1（731-1）	黄斑青紫泥田	71 886.2
				1045（735）	青紫泥田	1045-1（735-1）	青紫泥田	98 941.4
						1045-2（735-2）	泥炭心青紫泥田	2 252.3
						1045-3（735-3）	白心青紫泥田	40 825.9
						1045-4（735-4）	黄心青紫泥田	95 763.8
						1045-5（735-5）	粉心青紫泥田	2 710.5
		105（74）	潜育水稻土	1053（744）	烂青紫泥田	1053-1（744-1）	烂青紫泥田	2 383.5
全县合计								458 000

第二节　耕地开发与利用

一、耕地开发利用演变

嘉善县位于扬子准地台内钱塘台褶带东北的余杭—嘉兴台陷的东北端浙北平原区东北部，为大面积第四系覆盖区。晋宁运动（8亿±0.5亿年）促成隆起上升成陆地，震旦纪至奥陶纪保持相对隆起状态，志留纪开始包括晚古生代为台地海的边缘地带。印支运动后，被以凹陷为主的振荡运动主宰，一直持续至喜马拉雅期。隐伏断裂构造发育，以北东向为主，东西向为次。通过境内的大断裂有四条：马金—乌镇深断裂，北东向；江山—绍兴深断裂，北东向；湖州—嘉善大断裂，东西向；惠民—广陈断裂，北西向。由于第四纪时期的气候变化，海面升降，几经海侵、消退陆原物质外伸，在海相沉积层上又沉湖河湖相，并经流水侵蚀，经过漫长复杂自然过程，又经人工刻划，形成现代地貌。

二、耕地利用现状

据2009年农业年鉴报告，2009年年末，全县有耕地45.52万亩，按水旱耕作方式分，水田面积43.29万亩，旱地2.23万亩，其中基本农田39.48万亩，标准农田31.77万亩；按播种面积分，全县耕地总播种面积73.79万亩，其中粮食作物43.22万亩、油菜籽1.51万亩、蔬菜23.44万亩、西甜瓜2.97万亩、甘蔗0.02万亩、花卉苗木1.23万亩、其他1.40万亩。粮食作物包含春粮作物11.56万亩（其中：大麦5.66万亩、小麦4.44万亩、蚕豆1.46万亩）、水稻27.35万亩、番薯0.94万亩、玉米0.66万亩、大豆1.90万亩、杂豆0.81万亩。

三、耕地开发利用

农田基础设施是保障农业生产的物质基础，为农业生产的发展创造了优越的条件。嘉善县农田基础设施建设主要以兴修水利、中低产田改造、土地整理、农业综合开发以及农业园田化建设等项目的实施为主。

（一）大力兴修水利，加强圩区与农田排灌设施建设

嘉善县地势平坦，田面平均高程为3.67m（吴淞高程），地面高差不到

2m。全县大小河道542条，总长1 693.7km，大小湖荡59只。嘉善县河流，西承嘉兴、太湖来水，东排黄浦入海。境北由于地势低洼，港荡众多；水面率达14.9%，是杭嘉湖平原平均水网密度最高地区。又因进水断面（3 229m²）大，出水断面（1 487m²）小，常常遭受洪涝渍害。境南地势较高，河港较少，又多旱灾。

为预防自然灾害，历代曾多次发动兴修水利工程，但由于时兴时废，水旱之患始终未能解除。新中国成立后，周边地区进行了大规模的水利建设，特别1958年江苏省开挖太浦河以后，过境水大增，北排通道被阻，使历史上的洪水北泄，变成了北水南压。面对水系变化的现实，从20世纪50年代末起，县内制订并实施开疏东西向河道，培修圩堤，联圩建闸，发展机电排灌等系列配套工程进行洪、涝、渍、旱综合治理。截至1992年年底。建成许多质量较高的水利工程，基本上能控制一般年份的洪、涝、旱灾害。

20世纪80年代中期，县境北部低洼涝区，全面进入圩区整治阶段，1986—1990年，利用国家和浙江省发展粮食专项奖金，进行圩区建设。从1988年开始，利用国家和浙江省土地建设资金，进行中低产田改造。对原圩区，进一步扩大联圩面积，把抗洪排涝能力，提高到抗洪20年一遇，排涝10年一遇的标准。

进入20世纪90年代后，嘉善县对农田水利设施的投入掀起了高潮。其间完成太浦河治理工程、杭嘉湖北排通道工程、红旗塘整治工程等太湖流域的重点水利工程，极大地提高了嘉善县的水利设施综合水平，有效缓解了制约嘉善县农作物生产的严重"水害、渍害"问题。目前，全县机电有效灌溉总面积达43.62万亩，占全县耕地总面积的95.10%，旱涝保收面积37.35万亩，占全县耕地总面积的81.4%。

（二）广泛筹集资金，不断推进土地整理工作

土地整理主要是农业用地整理，包括水田、园地、菜地、小河小浜、沟渠等，同时还对一些农村宅基地，工矿企业用地、道路、废弃池、未利用地等进行整理。为改善农业生产基础设施条件，提高土地利用、产出率，合理开发土地后备资源，土地整理项目涉及范围广，资金使用量大。从1998年开始启动，全县所有土地整理项目均符合土地利用总体规划，且均位于基本农田保护区内，现已整理成"田成方、渠相通、路相连、林成网、灌得进、排得出"的现

代化农业园区标准，做到土地整理与农业综合开发、现代农业园区建设，水利圩区建设、农业产业结构调整、农村"双整治"等5个结合。

（三）做好配套协调，加快农业综合开发与现代农业园区建设

从1992年8月嘉善县被列入省农业综合开发工程开始，全县在开展土地整理建成标准农田的同时，大力实施农业综合开发与各镇现代农业科技示范园区建设。通过农业综合开发对原沟渠适当进行科学规划、重新布置，加以硬化，并建成水泥路面或铺设砂石路面，建立了保护林等农田绿化带。全县农业基础设施得到明显改善，初步形成了农田标准化、规划田园化、农业生态化的局面。做到每个镇都有1~2个达到"田成方、路成网、渠相连、林成行、土肥沃"的现代标准农田要求，基本实现农业生产的机械化、良种化、轻型化，普及了先进适用技术的应用面，提高了农业技术到位率。

（四）农业设施规范化

1. 水利设施

全县机电排灌设施和农田水利工程体系完善，基本能做到雨季"一日暴雨一日排出（南部地区）和一日暴雨二日排出（北部地区）"的要求，旱季能满足作物灌溉需求。

2. 农田交通

全县农田硬化道路覆盖率高、四通八达，基本保证"作业机械下得去、上得来""农资运得进的，产品输得出"的要求，为大力推广农业机械和规模化经营提供了基础性保障。

3. 标准农田

共建成标准农田31.77万亩。标准农田建设改善了标准化农田网络系统，有力推进了全县机械化进程，有利于推广应用先进的农业生产技术。

4. 绿化屏障

全区农田硬化道路两侧绿化、农田防护林完备，基本做到农田机耕路全覆盖，对增强农业生产抗御自然灾害能力和稳产高产起到了关键性作用。

（五）农业生产专业化

在充分发挥地区优势，实现农林牧渔全面发展的前提下，实现生产专业化和特色化，促进农业生产结构的合理调整。

1.推广"猪—沼—粮（瓜/果/蔬/菜）"生态循环模式

畜禽便和废水通过沼气池产生大量沼气（清洁能源），沼渣沼液应用于农田生态系统，实现养殖废弃物的绿色循环。

2.推广稻鸭共养

鸭子在稻田中放养可减少稻田杂草生长，减少农药和饲料量。鸭粪便又可作为优质有机肥，促进水稻健康生长，实现稻鸭互惠互利的共养生态模式。

3.推广桃园/橘园鸡

通过在果园中放养鸡，一方面，为鸡提供了良好生长环境，提升了鸡肉品质，另一方面，大量鸡粪为果园提供了丰富的有机肥，减少化肥投入，实现种养殖业有机结合。

4.发展特色乡镇产业

罗星甜瓜；惠民蜜梨、大豆；干窑大米、草莓；姚庄黄桃、食用菌、番茄、水产；天凝葡萄；陶庄水产等。

（六）生产技术科学化

科技进步成为农业生产发展的主要推动力，现代科学技术在农业生产领域得到广泛应用，农业科研、教育、推广网络齐全，相互配套，形成多层次覆盖农村的农科教网络。

1.测土配方施肥技术

根据土壤养分特性和作物养分吸收规律，按照"因缺补缺"和"平衡施肥"的原则，合理降低氮肥用量，增施磷肥、钾肥、微量元素肥，生态消纳畜禽粪便，提高化肥利用率，促进农业资源的合理有效利用。

2.病虫害统防统治技术

积极组织植保专业合作社开展病虫害统防统治工作，提高防治技术到位率，减少农药使用次数和数量，积极推广高效低毒农药，提高农药利用率，大力提升我区农产品的档次和品质。

（七）生产手段现代化

农业生产主要环节普遍实现机械化，农机的科研、生产、维修配套，劳动生产率大幅度提高，建立起发达的农用工业保障体系，化肥、农药、农膜等朝着高效、低毒、低污染方向发展，并能满足农业生产的要求。

1. 大力推广秸秆还田

通过机械切碎还田和稻草覆盖马铃薯轻型栽培两种模式推广秸秆还田，实现秸秆还田率达到85%以上，提高土壤有机质，改善土壤理化性状，提高耕地粮食综合生产能力。

2. 畜禽粪便综合利用

一是要通过排泄物治理工程，做好干湿分离和雨污分离工作，加大畜禽干粪收集处理力度，大力推广畜禽粪商品有机肥。二是必须严格管理畜禽养殖业，提升养殖水平，从源头控制污染物排放量。三是推广户用沼气池，为农户提供大量清洁能源和丰富有机肥（沼渣沼液）。

3. 推进农业机械化进程

近年来，嘉善县农户购机热情十分高涨，购机总额和补贴资金每年递增。一是大中型拖拉机、谷物联合收割机和插秧机需求量空前高涨；二是购机档次高。

（八）生产服务社会化

农民专业合作社的发展，有效解决了小生产与大市场的对接，对提高农业生产组织化程度、提升专业化服务水平、推进农业产业化经营和增加农民收入有积极的推进作用。截至2010年年底，嘉善县已建成农民专业合作社157家，其中有省级示范性合作社9家。

第三章 土壤养分状况

第一节 总体情况

一、嘉善县农田施肥量状况

"九五"期间，嘉善县农田纯化肥施用量平均每亩耕地32.7kg，低于全市和全省平均水平。2007年，嘉善县化肥使用量（折纯）总计10 439t，其中氮肥5 938t，占全年化肥用量的56.88%；磷肥1 363t，占13.06%；钾肥586t，占5.61%，复合肥2 552t，占24.45%。纵观2000年以来，施用化肥结构在不断地调整，但是氮肥施用比例还是有些偏高，磷、钾肥投入不足。

二、嘉善县土壤养分总体状况

嘉善县耕地冬季地下水位平均30.38cm，最大值64.00cm，最小值15.00cm；耕层厚度平均14.16cm，最深21.00cm，最浅11.00cm。根据749个样品的测试情况可知，土壤容重平均1.09g/cm³，最大1.30g/cm³，最小0.90g/cm³；pH值平均6.04，最高7.50，最低4.90；全氮含量平均2.14g/kg，最高3.69g/kg，最低0.91g/kg；有机质平均37.38g/kg，最高60.90g/kg，最低13.30g/kg；有效磷平均25.89mg/kg，最高301.00mg/kg，最低0.50mg/kg；速效钾平均130.10mg/kg，最高473.00mg/kg，最低22.00mg/kg（表3-1）。

表3-1 嘉善县耕地地力评价调查点数据汇总

测验项目	最大值	最小值	平均值	测试样品数目
全氮（g/kg）	3.69	0.91	2.14	749

（续表）

测验项目	最大值	最小值	平均值	测试样品数目
有机质（g/kg）	60.90	13.30	37.38	749
有效磷Olsen法（mg/kg）	301.00	0.50	25.89	749
速效钾（mg/kg）	473.00	22.00	130.10	749
阳离子交换量（cmol/100g土）	29.90	14.90	20.48	749
水溶性盐总量（g/kg）	0.90	0.10	0.11	749

第二节　有机质和大量元素

2008年，农业部测土配方施肥补贴资金项目实施过程中，嘉善县共采集土壤样品2 460个，记载取样点的基本情况，进行农户施肥情况调查。在全部取样点中选取749个样品进行耕地地力评价，其中评价单元有3 236个。

一、土壤有机质

嘉善县土壤有机质含量平均为35.30g/kg，全县含量水平中偏高，标准差4.58，变异系数0.13，其中有机质含量>40g/kg，占全县总面积的30.1%；含量为30～40g/kg，占全县总面积的63.9%；含量为20～30g/kg，占全县总面积的6.0%（表3-2）。

表3-2　嘉善县2008年土壤有机质现状

指标分级	最小值（g/kg）	最大值（g/kg）	平均值	标准差（g/kg）	变异系数	面积（亩）	占全县比例（%）	评价单元（个）
>40	40.01	53.29	42.40	2.34	0.06	142 614.7	30.1	3 236
30～40	30.01	40.00	34.97	2.73	0.08	302 648.3	63.9	3 236
20～30	20.58	30.00	28.49	1.49	0.05	28 221.7	6.0	3 236
≤20	0	0	0	0	0	0	0	3 236

嘉善县土壤有机质区域分布：土壤有机质区域分布的总趋势是以沪杭线为界，呈现从南到北逐渐增高，从东到西逐渐增高（图3-1）。其中，杨庙、天凝较高，平均为44.24g/kg和41.15g/kg，这与杨庙长期种植雪菜并不断扩大面积有密切的关系；而较低的是大云镇，平均为30.33g/kg。最北部几个乡镇有机质含量有一定程度的下降，主要是因为长期种植水稻的缘故。

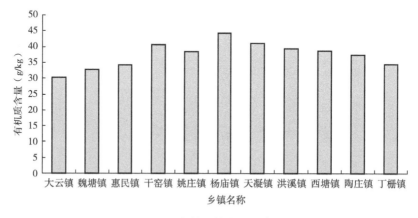

图3-1　各镇土壤有机质含量

二、土壤全氮

嘉善县土壤全氮含量平均为2.07g/kg，土壤氮素含量比较丰富，标准差是0.23，变异系数0.11。其中全氮含量>3.0g/kg，占总面积的0.2%；含量在2.5～3.0g/kg，占总面积的7.6%；含量在2.0～2.5g/kg，占总面积的62.3%，含量在1.5～2.0g/kg，占总面积的29.9%（表3-3）。

表3-3　嘉善县2008年土壤全氮现状

指标分级	最小值（g/kg）	最大值（g/kg）	平均值（g/kg）	标准差	变异系数	面积（亩）	占全县比例（%）	评价单元（个）
>3.0	3.02	3.19	3.10	0.07	0.02	1 000.2	0.2	3 236
2.5～3.0	2.51	2.98	2.66	0.13	0.05	35 837.8	7.6	3 236
2.0～2.5	2.01	2.50	2.18	0.13	0.06	294 855.4	62.3	3 236
1.5～2.0	1.51	2.00	1.86	0.10	0.06	141 280.6	29.9	3 236
≤1.5	0	0	0	0	0	0	0	3 236

土壤全氮的区域分布与土壤有机质有一定的相关性，有机质储量高，全氮含量也比较高。也呈东到西、南到北含量逐渐增高的趋势，其原因也基本相似（图3-2）。

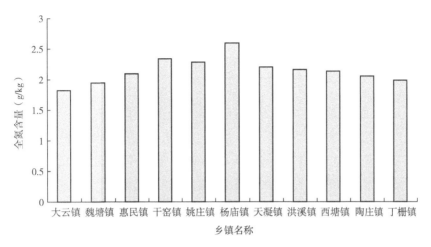

图3-2　各镇土壤全氮含量

三、土壤有效磷

全县土壤有效磷含量较高，但差异较大，具体为2.12～173.35mg/kg，平均值为29.49mg/kg，标准差18.35，变异系数0.62。其中速效磷含量>40mg/kg，占总面积的14.2%；含量30～40mg/kg，占总面积的12.4%；含量20～30mg/kg，占总面积的31.8%；含量15～20mg/kg，占总面积的14.9%；含量10～15mg/kg，占总面积的15.3%；含量5～10mg/kg，占总面积的10.8%；含量≤5mg/kg，占总面积的0.6%（表3-4）。

表3-4　嘉善县2008年土壤有效磷现状

指标分级	最小值（g/kg）	最大值（g/kg）	平均值（g/kg）	标准差	变异系数	面积（亩）	占全县比例（%）	评价单元（个）
>40	40.03	173.35	61.04	24.52	0.40	67 409.3	14.2	3 236
30～40	30.01	40.00	33.94	2.77	0.08	58 757.6	12.4	3 236
20～30	20.01	29.96	25.27	2.81	0.11	150 600.3	31.8	3 236
15～20	15.04	20.00	17.72	1.43	0.08	70 318.9	14.9	3 236

（续表）

指标分级	最小值（g/kg）	最大值（g/kg）	平均值（g/kg）	标准差	变异系数	面积（亩）	占全县比例（%）	评价单元（个）
10～15	10.05	14.99	12.48	1.43	0.11	72 461.4	15.3	3 236
5～10	5.04	9.97	8.05	1.33	0.17	51 266.7	10.8	3 236
≤5	2.12	4.95	4.06	0.88	0.22	2 670.5	0.6	3 236

全县土壤有效磷的区域分布没有明显的分布规律，含量高与低的差异较大，各镇的平均值差异不大，天凝、洪溪、陶庄等地有效磷含量相对较低，其中陶庄镇平均值10.02mg/kg为最低（图3-3）。分析其原因，可能是由北部地区大部分为纯水稻种植区，一般水稻田不施磷肥引起的。

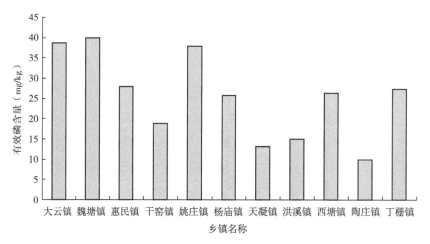

图3-3　各镇土壤有效磷含量

四、土壤速效钾

全县土壤速效钾比较丰富，平均值为132.53mg/kg，具体为59.00～414.00mg/kg。标准差30.59，变异系数0.23。其中速效钾含量>150mg/kg，占总面积的9.1%；含量100～150mg/kg，占总面积的88.3%；含量80～100mg/kg，占总面积的2.5%；含量50～80mg/kg，占总面积的0.1%（表3-5）。

表3-5　嘉善县2008年土壤速效钾现状

指标分级	最小值（g/kg）	最大值（g/kg）	平均值（g/kg）	标准差	变异系数	面积（亩）	占全县比例（%）	评价单元（个）
>150	151.00	414.00	186.77	47.30	0.25	43 095.2	9.1	3 236
100~150	101.00	150.00	124.67	11.58	0.09	418 077.7	88.3	3 236
80~100	81.00	100.00	96.44	4.19	0.04	11 820.6	2.5	3 236
50~80	59.00	80.00	73.43	8.08	0.11	491.2	0.1	3 236
≤50	0	0	0	0	0	0	0	3 236

　　从全县来看，土壤速效钾的区域分布没有明显的分布规律，各镇的平均值差异不大，以魏塘155.42mg/kg为最高，以洪溪118.44mg/kg为最低（图3-4）。

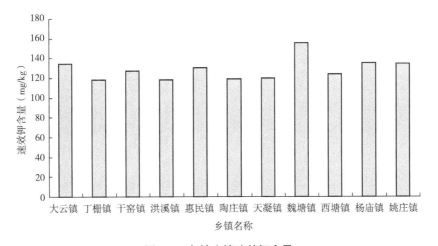

图3-4　各镇土壤速效钾含量

五、土壤养分时空演变状况

　　与1984年第二次土壤普查数据进行比较（表3-6），土壤养分含量总体上都有一定程度的提高，特别是有效磷，提高了2.88倍。但是细分到乡镇，我们会发现，如魏塘、惠民、大云等沪杭线南片区的有机质、全氮含量有所下降，该部分地区应加大有机肥的投入，用于培肥地力。

表3-6 嘉善县土壤养分含量变化

年份	有机质（g/kg）	全氮（g/kg）	有效磷（mg/kg）	速效钾（mg/kg）
1984	35.00	2.06	7.6	99
2008	35.30	2.07	29.49	132.53

第三节　中量元素

一、嘉善县土壤有效硫现状

嘉善县土壤有效硫含量平均为82.75mg/kg，最低为22.9mg/kg，最高为303.3mg/kg（表3-7，图3-5）。其中含量<30mg/kg占总面积的1.3%，含量为30~50mg/kg占总面积的18.6%，含量>50mg/kg占总面积的80.1%。

表3-7 2008年嘉善县土壤有效硫现状

指标	范围（mg/kg）	平均值（mg/kg）	标准偏差	最小值（mg/kg）	最大值（mg/kg）	样品数
有效硫	22.9~303.3	82.75	48.68	22.9	303.3	302

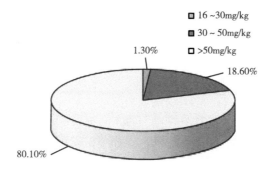

■ 16~30mg/kg
■ 30~50mg/kg
□ >50mg/kg

1.30%
18.60%
80.10%

图3-5 土壤中有效硫含量面积比例

二、嘉善县土壤有效硅现状

嘉善县土壤有效硅含量平均为168.5mg/kg，最低为96mg/kg，最高为286mg/kg（表3-8，图3-6）。其中含量在<130mg/kg占总面积的5.3%，含量为130～200mg/kg占总面积的82.8%，含量>200mg/kg占总面积的11.9%。

表3-8　2008年嘉善县土壤有效硅现状

指标	范围（mg/kg）	平均值（mg/kg）	标准偏差	最小值（mg/kg）	最大值（mg/kg）	样品数
有效硅	96～286	168.5	29.02	96	286	302

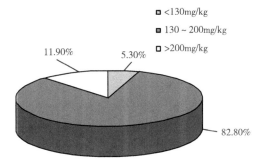

图3-6　土壤中有效硅面积比例

三、嘉善县土壤有效钙现状

嘉善县土壤有效钙的含量平均为1 913mg/kg，最低为996mg/kg，最高为3 396mg/kg（表3-9，图3-7）。全部达到极丰富标准。其中含量小于1 500mg/kg的占总面积的7.6%，含量为1 500～3 000mg/kg的占总面积的91%，含量大于3 000mg/kg的占总面积的1.4%。按照土壤养分分级标准：测试样品全部达到高等标准，即达到1级（>600mg/kg）标准。

表3-9　2008年嘉善县土壤有效钙现状

指标	范围（mg/kg）	平均值（mg/kg）	标准偏差	最小值（mg/kg）	最大值（mg/kg）	样品数
有效钙	996～3 642	1 913	377.07	996	3 642	302

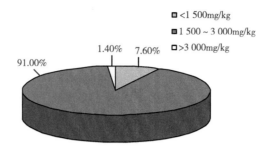

□ <1 500mg/kg
■ 1 500～3 000mg/kg
□ >3 000mg/kg

图3-7　土壤中有效钙含量面积比例

四、嘉善县土壤有效镁现状

　　嘉善县土壤有效镁的含量平均为432.5mg/kg，最低为230mg/kg，最高为709mg/kg，全部达到极丰富的标准（表3-10，图3-8）。其中含量<300mg/kg占总面积的4%，含量在300～600mg/kg占总面积的93.7%，含量>600mg/kg占总面积的2.3%。按照土壤养分分级标准：全部样品达到高等标准，即达到1级（>150mg/kg）标准。

表3-10　2008年嘉善县土壤有效镁现状

指标	范围 （mg/kg）	平均值 （mg/kg）	标准偏差	最小值 （mg/kg）	最大值 （mg/kg）	样品数
有效镁	230～709	432.5	71.51	230	709	302

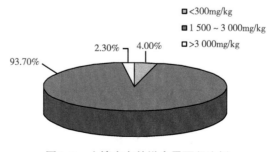

□ <300mg/kg
■ 1 500～3 000mg/kg
□ >3 000mg/kg

图3-8　土壤中有效镁含量面积比例

第四节 微量元素

一、嘉善县土壤有效铜现状

嘉善县土壤有效铜含量平均为7.1mg/kg，最低为1.4mg/kg，最高为30.2mg/kg（表3-11，图3-9）。含量>2mg/kg达到丰富占总面积的99.7%，属很高水平。含量在<4mg/kg占总面积的4%，含量在4~8mg/kg占总面积72.5%，含量>8mg/kg的占总面积的23.5%。按照土壤养分分级标准：测试样品全部达到高等标准，其中1级（>2mg/kg）为301个，占总面积的99.7%，2级（1~2mg/kg）为1个，占总面积的0.3%。

表3-11 2008年嘉善县土壤有效铜现状

指标	范围（mg/kg）	平均值（mg/kg）	标准偏差	最小值（mg/kg）	最大值（mg/kg）	样品数
有效铜	1.4~30.2	7.1	2.91	1.4	30.2	302

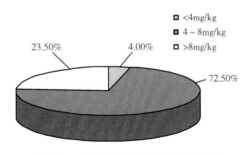

图3-9 土壤中有效铜含量面积比例

二、嘉善县土壤有效锌现状

嘉善县土壤有效锌含量平均为8.6mg/kg，最低的为0.44mg/kg，最高的为60.7mg/kg（表3-12，图3-10）。其中含量<1mg/kg占总面积的1.3%，含量为1~10mg/kg占总面积的80.2%，含量>10mg/kg占总面积的18.5%。按照土壤养分分级标准：样品达到高等的为298个，占总面积的98.7%，其中1级（>3mg/kg）为290个，占总面积的96%，2级（1～3mg/kg）为8个，占总面积的2.7%；达到中等即3级（0.5～1mg/kg）为3个，占总面积的1%；达到低等的为1个，占总面积的0.3%，为4级（0.3～0.5mg/kg）标准。

表3-12　2008年嘉善县土壤有效锌现状

指标	范围 （mg/kg）	平均值 （mg/kg）	标准偏差	最小值 （mg/kg）	最大值 （mg/kg）	样品数
有效锌	0.44～60.7	8.6	7.74	0.44	60.7	302

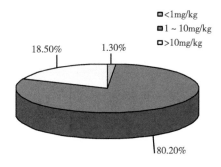

图3-10　土壤中有效锌含量面积比例

三、嘉善县土壤有效铁现状

嘉善县土壤有效铁的含量平均为302mg/kg，最低为38mg/kg，最高为659mg/kg（表3-13，图3-11）。全部达到极丰富水平。其中含量<100mg/kg占总面积的7.3%，含量在100～500mg/kg占面积的89.7%，含量>500mg/kg占总面积的3%。按照土壤养分分级标准：测试土样全部达到高等即1级（>20mg/kg）标准。

表3-13　2008年嘉善县土壤有效铁现状

指标	范围 （mg/kg）	平均值 （mg/kg）	标准偏差	最小值 （mg/kg）	最大值 （mg/kg）	样品数
有效铁	38～659	302	91.74	38	659	302

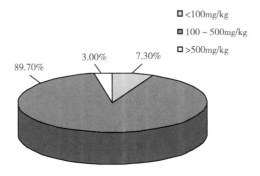

图3-11 土壤中有效铁含量面积比例

四、嘉善县土壤有效锰现状

嘉善县土壤有效锰的含量平均为149mg/kg，最低11mg/kg，最高351mg/kg（表3-14，图3-12）。其中含量<100mg/kg占总面积的18.3mg/kg，含量在100～250mg/kg占总面积的78.7%，含量>250mg/kg占总面积的3%。按照土壤养分分级标准：测试土样全部样品达到高等，其中1级（>15mg/kg）为301个，占总面积的99.7%，2级（10～15mg/kg）为1个，占总面积的0.3%。

表3-14 2008年嘉善县土壤有效锰现状

指标	范围 （mg/kg）	平均值 （mg/kg）	标准偏差	最小值 （mg/kg）	最大值 （mg/kg）	样品数
有效锰	11～351	149	135.17	11	351	302

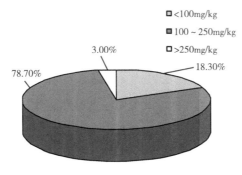

图3-12 土壤中有效锰含量面积比例

五、嘉善县土壤水溶性硼现状

嘉善县土壤水溶性硼含量平均为0.62mg/kg，最低0.14mg/kg，最高2.96mg/kg（表3-15，图3-13）。其中含量小于0.5mg/kg的占总面积的33.4%，含量为0.5～1mg/kg的占总面积的60.3%，含量大于1mg/kg的占总面积的6.3%。按照土壤养分分级标准：测试土样达到高等的为19个，占总面积的6.3%，其中1级（>2mg/kg）为1个，占总面积的0.3%，2级（1～2mg/kg）为18个，占总面积的6%；达到中等即3级（0.5～1mg/kg）为182个，占总面积的60.3%；达到低等的为101个，占总面积的33.4%，其中4级（0.2～0.5mg/kg）为98个，占总面积的32.4%，5级（≤0.2mg/kg）为3个，占总面积的1%。

表3-15　2008年嘉善县土壤水溶性硼现状

指标	范围（mg/kg）	平均值（mg/kg）	标准偏差	最小值（mg/kg）	最大值（mg/kg）	样品数
水溶性硼	0.14～2.96	0.62	0.27	0.14	2.96	302

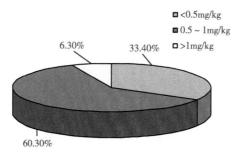

图3-13　土壤中水溶性硼含量面积比例

六、嘉善县土壤有效钼现状

嘉善县土壤有效钼含量平均为0.185mg/kg，最低为0.08mg/kg，最高为0.37mg/kg（表3-16，图3-14）。其中含量小于0.15mg/kg的占总面积的19.5%，含量为0.15～0.3mg/kg的占总面积的77.5%，含量大于0.3mg/kg的占总面积的3%。按照土壤养分分级标准：测试土样达到高等的为111个，占总面积的36.8%，其中1级（>0.3mg/kg）为9个，占总面积的3%，2级（0.2～0.3mg/kg）为102个，占总面积的33.8%；达到中等即3级（0.15～0.2mg/kg）为

132个，占总面积的43.7%；达到低等为59个，占总面积的19.5%，其中4级（0.1~0.15mg/kg）为56个，占总面积的18.5%，5级（≤0.1mg/kg）为3个，占总面积的1%。

表3-16　2008年嘉善县土壤有效钼现状

指标	范围（mg/kg）	平均值（mg/kg）	标准偏差	最小值（mg/kg）	最大值（mg/kg）	样品数
有效钼	0.08~0.37	0.185	0.05	0.08	0.37	302

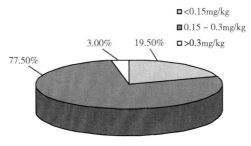

图3-14　土壤中有效钼含量面积比例

第五节　其他属性

一、酸碱度（pH值）

嘉善县各评价单元土壤pH值的平均为6.05，具体为5.10~7.40，标准差为0.26，变异系数为0.04。其中pH值为6.5~7.5的占总面积的2.7%；pH值为5.5~6.5的占总面积的95.7%；pH值为4.4~5.5的占总面积的1.6%（表3-17）。

表3-17　嘉善县2008年土壤pH值现状

指标分级	最小值	最大值	平均值	标准差	变异系数	面积（亩）	占全县比例（%）	评价单元（个）
>7.5	0	0	0	0	0	0	0	3 236
6.5~7.5	6.60	7.40	6.72	0.17	0.03	12 621.7	2.7	3 236

（续表）

指标分级	最小值	最大值	平均值	标准差	变异系数	面积（亩）	占全县比例（%）	评价单元（个）
5.5～6.5	5.60	6.50	6.05	0.21	0.03	453 022.5	95.7	3 236
4.5～5.5	5.10	5.50	5.46	0.08	0.01	7 840.5	1.7	3 236
≤4.5	0	0	0	0	0	0	0	3 236

二、水溶性盐总量

嘉善县各评价单元土壤水溶性盐总量的平均值为0.11g/kg，具体为0.10～0.89g/kg，标准差为0.06，变异系数为0.52，全县水溶性盐总量均较低。

三、阳离子交换量

嘉善县各评价单元土壤阳离子交换量的平均值为2.06mmol/kg，具体为16.21～26.53mmol/kg，标准差为1.28，变异系数为0.06。其中阳离子交换量大于20mmol/kg的占总面积的63.9%；含量为15～20mmol/kg的占总面积的36.1%（表3-18）。

表3-18　嘉善县2008年土壤阳离子交换量现状

指标分级	最小值（mmol/kg）	最大值（mmol/kg）	平均值（mmol/kg）	标准差	变异系数	面积（亩）	占全县比例（%）	评价单元（个）
>20	20.01	26.53	21.15	1.01	0.05	302 673.0	63.9	3 236
15～20	16.21	20.00	19.24	0.62	0.03	170 811.7	36.1	3 236
≤15	0	0	0	0	0	0	0	3 236

四、容重

嘉善县各评价单元土壤容重平均含量1.10g/cm³，具体为0.94～1.21g/cm³，标准差为0.06，变异系数为0.05。其中容重为1.1～1.3g/cm³的占总面积的

49.4%；容重为0.9～1.1g/cm^{3}占总面积的50.6%（表3-19）。

表3-19 嘉善县2008年土壤容重现状

指标分级	最小值（g/cm^3）	最大值（g/cm^3）	平均值（g/cm^3）	标准差	变异系数	面积（亩）	占全县比例（%）	评价单元（个）
>1.3	0	0	0	0	0	0	0	3 236
1.1～1.3	1.11	1.21	1.14	0.02	0.02	234 128.3	49.4	3 236
0.9～1.1	0.94	1.10	1.04	0.05	0.04	239 356.4	50.6	3 236
≤0.9	0	0	0	0	0	0	0	3 236

五、耕层厚度

嘉善县各评价单元土壤耕层平均厚度为14.23cm，具体为12.00～20.00cm，标准差为0.83，变异系数为0.06。其中耕层厚度为16～20cm的占总面积的0.85%；耕层厚度为12～16cm的占总面积的94.9%；耕层厚度为8～12cm的占总面积的4.4%（表3-20）。

表3-20 嘉善县2008年土壤耕层厚度现状

指标分级	最小值（cm）	最大值（cm）	平均值（cm）	标准差	变异系数	面积（亩）	占全县比例（%）	评价单元（个）
>20	0	0	0	0	0	0	0	3 236
16～20	17.00	20.00	17.79	0.89	0.05	3 568.5	0.8	3 236
12～16	13.00	16.00	14.30	0.69	0.05	449 121.6	94.9	3 236
8～12	12.00	12.00	12.00	0	0	20 794.5	4.4	3 236
≤8	0	0	0	0	0	0	0	3 236

第四章 耕地质量评价与利用

耕地地力调查与质量评价是对耕地的土壤属性、耕地的养分状况和影响耕地环境质量的土壤重金属、有机污染物、灌溉水质量等进行调查，在查清耕地地力和耕地环境质量状况的基础上根据耕地地力好差进行等级划分，对耕地环境质量进行优劣评估，最终对耕地质量进行综合评价，同时建立耕地质量管理地理信息系统。耕地地力调查与质量评价，不仅直接为当前的农业生产和农业生态环境建设服务，更是为培育肥沃的土壤，建立安全、健康的农业生产立地环境和现代耕地质量管理方式奠定基础。科学合理的技术路线是耕地地力调查和质量评价的关键。因此，为确保此项工作的顺利开展，在工作全过程始终遵循统一性原则，充分利用现有成果原则，结合实际原则和体现高新技术原则，并严把调查成果质量关。

第一节 调查的方法与内容

一、调查取样

样品的采集，是调查与评价工作的基础，样点的设置既关系到调查的精度，也关系到调查结果的准确性。因此，样点的设置必须满足调查技术规程所确定的精度要求，必须与当地农业生产的实际相符合。

（一）取样点设置的原则

根据《农业部2007年耕地地力调查项目实施方案》要求，为了使土壤调查所获取的信息具有一定的典型性和代表性，提高工作效率，节省人力和资金，在布点和采样时主要遵循以下原则：在土壤采样布点上具有广泛的代表性、均匀性、科学性、可比性，点面结合，与地理位置、地形部位相结合，与污染源调查相兼顾，与第二次土壤普查布点相吻合，并适当增加污染源点位密度。

1. 全面性原则

一是指调查内容的全面性。耕地质量评价是对耕地地力和环境质量的综合评价。影响耕地质量的因素，既包括土壤自身的环境，也包括灌溉水及农业生产的管理等自然和社会因素。因此，科学地评价耕地质量，就需要对影响耕地质量诸因子进行全面的调查。

二是指取样布点地域的全面性。嘉善县处于杭嘉湖平原地区，地形地貌类型比较单一，主要是水网平原，因此取样点可以做到均匀分布。

三是指取样布点对土壤类型的全面性。这次调查是以第二次土壤普查成果为基础，要充分运用第二次土壤普查的成果，就需要在取样点的设置时对区域内所有土种都进行布点，并且尽可能在第二次普查的取样点取样，达到充分应用土壤普查成果的目的。

2. 均衡性原则

一是指采样布点在空间上的均衡性，即在确定样点布设数量的基础上，调查区域范围内样点的分设要均衡，避免某一范围过密，某一范围过疏。

二是根据地形地貌类型面积的比例和土壤类型面积的大小进行布点，既要考虑各种类型面积的比例，又要兼顾土种区域分布的复杂性。

3. 突出重点原则

一是指突出重点项目。采样布点要根据当地农业生产实际，对人们普遍关注的农业生产上出现的问题在普查的同时进行重点调查，如无公害农产品生产基地环境问题和蔬菜基地的安全性问题等。

二是突出重点区域。除无公害农产品和蔬菜生产基地外，还对多年连作的设施栽培菜瓜区及工业污染点周边地区等作重点调查。

三是突出调查的重点内容。如特别是对影响耕地质量安全和人体健康的因素，如重金属元素和无机污染物等作重点调查。

4.客观性原则

客观性原则是指调查内容要客观反映农业生产的实际需要，既突出耕地质量本身的基础性，又要体现为当前生产直接服务的生产性，既着眼于当前，更要着眼于农业生产发展。调查结果要客观真实的反映耕地质量状况，整个调查工作要科学管理，确保调查结果的真实性、准确性。

（二）样点布设的方法

采样点布设是土壤测验的基础，采样点布设是否合理关系到地力调查的准确性和代表性，能够合理地布设采样点至关重要。按照农业农村部统一的测土配方施肥技术规范和要求（20万亩粮油作物平均每180亩左右耕地采集1个土样，取样1 100个；20万亩经济作物平均每120亩左右取一个土样，取样1 700个；合计取样2 800个），充分考虑地形地貌、土壤类型与分布、肥力高低、作物种类等，在土壤图、基本农田保护区规划图和土地利用现状图等图件数字化的基础上，室内确定取样位置，指导野外采样，实际采样时，利用GPS外业定点的方法进行布点，保证采样点具有典型性、代表性和均匀性。同时对采样点进行详细的农业生产调查和野外记录，完成采样基本情况调查表，采样点农户调查表。

（三）采样方法

土壤样品的采集是土壤分析工作的一个重要环节。采集有代表性的样品，是使测定结果能如实反映其所代表的区域或地块客观情况的先决条件。采集样品地点的确定与采样点数的多少直接关系到耕地质量评价的精度，掌握布点、采样等技术是土壤分析工作的基础。

1.大田土样采样方法

采样时间为现有前茬作物收获后（或大田作物收获前几天），下茬作物尚未使用底肥或种植以前，保证所采土样能真实的反映地块的地力和质量状况。

通过向农民了解本村的农业生产情况，确定具有代表性的田块，田块面积要求在1亩以上，并在采样田块的中心用GPS定位仪进行定位。按调查表格的内容逐项对确定采样田块的户主进行调查、填写。调查严格遵循实事求是的原则，对那些说不清楚的农户，通过访问地力水平相当、位置基本一致的其他农户或对实物进行核对推算。长方形地块采用"S"法,而近方形田块多采用"X"法和棋盘形采样法。每个地块一般取10～15个小样点土壤,各小样点充分混合后,四分法留取1.5kg组成一个土壤样品,同时挑出根系、秸秆、石块、虫体等杂物。采样工具采用不锈钢土钻(铁、锰等微量元素采用木铲)基本符合厚薄、宽窄、数量的均匀特征。采样深度0～15cm。填写2张标签,内外各具,注明采样编号、采样地点、采样人、采样日期等。采样同时,填写测土配方施肥采样地块基本情况调查表和农户施肥情况调查表。

2.果蔬土样采集方法

对已确定采样地块的户主,按调查表格内容逐项进行调查填写,并在该地块里采集土样。耕层样采样深度为0～20cm、果园耕层采样深度为0～30cm,采用"S"法均匀随机采取10～15个采样点。按照地块的沟、垄面积比例确定沟、垄取土点位的数量,土样充分混合后,四分法留取1.5kg。其他同大田土样采集。

按以上操作规程,嘉善县在2008年大田(包括轮作)取样2 190个,蔬菜地(包括连作)取样97个,果园取样140个,鲜切花24个,其他9个,共2 640个,圆满完成了测土配方施肥工作的计划任务。

二、调查内容

田间调查主要是通过两种方式来完成的,一种是收集和分析相关学科已有的调查成果和资料;一种是野外实际调查和测定。调查的内容基本可分为三个方面:自然成土因素的调查研究;土壤剖面形态的观察研究;农业生产条件的调查研究。

(一)自然成土因素的调查研究

该项调查主要是通过收集和分析相关学科已有的调查成果和资料来完成的。通过咨询当地气象站,获得了积温、无霜期、降水等相关资料;借助《嘉善县志》和《嘉善土壤》相关资料,辅以实地考察和专家分析,掌握了实际的海拔高度、坡度、地貌类型、成土母质等自然成土因素。

（二）土壤剖面形态的观察研究

结合《嘉善县志》和《嘉善土壤》的结果，通过对土壤坡面的实际调查和测定，基本掌握了嘉善县内各地区不同土壤的土层厚度、土壤质地、土壤干湿度、土壤孔隙度、土壤排水状况、土壤侵蚀情况、土壤pH值等相关信息。

（三）农业生产条件的调查研究

根据《全国耕地地力调查项目技术规程》野外调查的要求，对大田、果蔬、污染情况的调查，设计了测土配方施肥采样地块基本情况调查表（表4-1）和农户施肥情况调查表（表4-2）两种调查表格。调查的主要内容有：采样地点、方法、户主姓名、采样地块面积、当前种植作物、前茬种植作物、作物品种、土壤类型、采样深度、立地条件、剖面性状、土地排灌状况、污染情况、种植制度、种植方式、设施类型、投入（肥料、农药、种子、机械、灌溉、农膜、人工、其他）费用情况及产销收入情况。为确保调查内容准确性、一致性，保证调查过程万无一失，根据表格设计内容，编制了调查表格的填表说明，对调查人员进行专项培训。在实际操作过程中，要求工作人员必须现场取样，现场调查，以确保调查内容真实有效。共完成野外调查表3 000多份，完成率100%。

表4-1　测土配方施肥采样地块基本情况调查

统一编号：_____　　调查组号：_____　　采样序号：_____

采样目的：_____　　采样日期：_____　　上次采样日期：_____

<table>
<tr><td rowspan="5">地理位置</td><td>省（市）名称</td><td></td><td>地（市）名称</td><td></td><td>市（旗）名称</td><td></td></tr>
<tr><td>乡（镇）名称</td><td></td><td>村组名称</td><td></td><td>邮政编码</td><td></td></tr>
<tr><td>农户名称</td><td></td><td>地块名称</td><td></td><td>／</td><td>／</td></tr>
<tr><td>地块位置</td><td></td><td>距村距离（m）</td><td></td><td>／</td><td>／</td></tr>
<tr><td>纬度（度：分：秒）</td><td></td><td>经度（度：分：秒）</td><td></td><td>海拔高度（m）</td><td></td></tr>
<tr><td rowspan="4">自然条件</td><td>地貌类型</td><td></td><td>地形部位</td><td></td><td>／</td><td>／</td></tr>
<tr><td>地面坡度（度）</td><td></td><td>田面坡度（度）</td><td></td><td>坡向</td><td></td></tr>
<tr><td>通常地下水位（m）</td><td></td><td>最高地下水位（m）</td><td></td><td>最深地下水位（m）</td><td></td></tr>
<tr><td>常年降雨量（mm）</td><td></td><td>常年有效积温（℃）</td><td></td><td>常年无霜期（d）</td><td></td></tr>
<tr><td rowspan="3">生产条件</td><td>农田基础设施</td><td></td><td>排水能力</td><td></td><td>灌溉能力</td><td></td></tr>
<tr><td>水源条件</td><td></td><td>输水方式</td><td></td><td>灌溉方式</td><td></td></tr>
<tr><td>熟制</td><td></td><td>典型种植制度</td><td></td><td>常年产量水平（kg/亩）</td><td></td></tr>
<tr><td rowspan="6">土壤情况</td><td>土类</td><td></td><td>亚类</td><td></td><td>土属</td><td></td></tr>
<tr><td>土种</td><td></td><td>俗名</td><td></td><td>／</td><td>／</td></tr>
<tr><td>成土母质</td><td></td><td>土体构型</td><td></td><td>土壤质地（手测）</td><td></td></tr>
<tr><td>土壤结构</td><td></td><td>障碍因素</td><td></td><td>侵蚀程度</td><td></td></tr>
<tr><td>耕层厚度（cm）</td><td></td><td>采样深度（cm）</td><td></td><td>／</td><td>／</td></tr>
<tr><td>田块面积（亩）</td><td></td><td>代表面积（亩）</td><td></td><td>／</td><td>／</td></tr>
<tr><td rowspan="4">来年种植意向</td><td>茬口</td><td>第一季</td><td>第二季</td><td>第三季</td><td>第四季</td><td>第五季</td></tr>
<tr><td>作物名称</td><td></td><td></td><td></td><td></td><td></td></tr>
<tr><td>作物品种</td><td></td><td></td><td></td><td></td><td></td></tr>
<tr><td>目标产量</td><td></td><td></td><td></td><td></td><td></td></tr>
<tr><td rowspan="4">采样调查单位</td><td>单位名称</td><td colspan="3"></td><td>联系人</td><td></td></tr>
<tr><td>地址</td><td colspan="3"></td><td>邮政编码</td><td></td></tr>
<tr><td>电话</td><td></td><td>传真</td><td></td><td>采样调查人</td><td></td></tr>
<tr><td>E-mail</td><td colspan="5"></td></tr>
</table>

表4-2 农户施肥情况调查

统一编号：

<table>
<tr><td rowspan="4">施肥相关情况</td><td>生长季节</td><td></td><td>作物名称</td><td></td><td></td><td>品种名称</td><td></td></tr>
<tr><td>播张季节</td><td></td><td>收获日期</td><td></td><td></td><td>产量水平</td><td></td></tr>
<tr><td>生长期内
降水次数</td><td></td><td>生长期内
降水总量</td><td></td><td></td><td>/</td><td>/</td></tr>
<tr><td>生长期内
灌水次数</td><td></td><td>生长期内
灌水总量</td><td></td><td></td><td>灾害情况</td><td></td></tr>
</table>

<table>
<tr><td rowspan="6">推荐施肥情况</td><td>是否推荐施肥
指导</td><td colspan="2">推荐单位性质</td><td colspan="2"></td><td colspan="2">推荐单位名称</td><td></td></tr>
<tr><td rowspan="5">配方内容</td><td rowspan="3">目标产量
(kg/亩)</td><td rowspan="3">推荐肥料成本
(元/亩)</td><td colspan="5">化肥(kg/亩)</td><td colspan="2">有机肥(kg/亩)</td></tr>
<tr><td colspan="3">大量元素</td><td colspan="2">其他元素</td><td rowspan="2">肥料名称</td><td rowspan="2">实物量</td></tr>
<tr><td>N</td><td>P_2O_5</td><td>K_2O</td><td>养分名称</td><td>养分用量</td></tr>
<tr><td></td><td></td><td></td><td></td><td></td><td></td><td></td><td></td></tr>
</table>

<table>
<tr><td rowspan="4">实际施肥总体情况</td><td rowspan="3">实际产量
(kg/亩)</td><td rowspan="3">实际肥料成本
(元/亩)</td><td colspan="5">化肥(kg/亩)</td><td colspan="2">有机肥(kg/亩)</td></tr>
<tr><td colspan="3">大量元素</td><td colspan="2">其他元素</td><td rowspan="2">肥料名称</td><td rowspan="2">实物量</td></tr>
<tr><td>N</td><td>P_2O_5</td><td>K_2O</td><td>养分名称</td><td>养分用量</td></tr>
<tr><td></td><td></td><td></td><td></td><td></td><td></td><td></td><td></td></tr>
</table>

					施肥情况				
汇总									
实际施肥明细	施肥明细	施肥序次	施肥时期	项目	第一种	第二种	第三种	第四种	第五种
		第一次		肥料种类					
				肥料名称					
				养分含量情况（%）｜大量元素｜N					
				养分含量情况（%）｜大量元素｜P_2O_5					
				养分含量情况（%）｜大量元素｜K_2O					
				养分含量情况（%）｜其他元素｜养分名称					
				养分含量情况（%）｜其他元素｜养分含量					
				实物量（kg/亩）					
		第二次		肥料种类					
				肥料名称					
				养分含量情况（%）｜大量元素｜N					
				养分含量情况（%）｜大量元素｜P_2O_5					
				养分含量情况（%）｜大量元素｜K_2O					
				养分含量情况（%）｜其他元素｜养分名称					
				养分含量情况（%）｜其他元素｜养分含量					
				实物量（kg/亩）					
		第三次		肥料种类					
				肥料名称					
				养分含量情况（%）｜大量元素｜N					
				养分含量情况（%）｜大量元素｜P_2O_5					
				养分含量情况（%）｜大量元素｜K_2O					
				养分含量情况（%）｜其他元素｜养分名称					
				养分含量情况（%）｜其他元素｜养分含量					
				实物量（kg/亩）					

三、调查步骤

耕地地力调查与质量评价工作分为4阶段，一是准备阶段，二是调查分析阶段，三是评价阶段，四是成果汇总阶段，其具体的工作步骤详见图4-1。

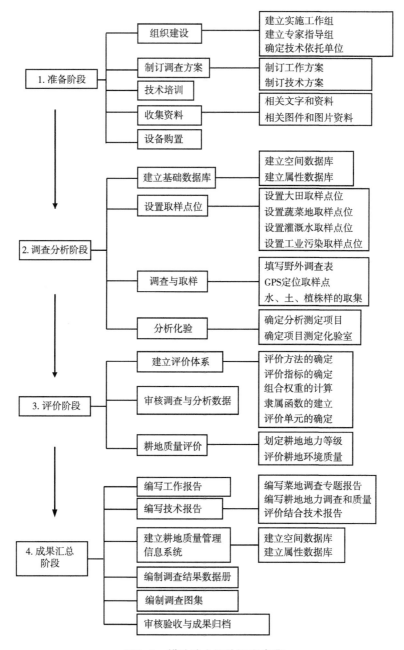

图4-1 耕地地力评价调查步骤

四、土壤样品制备

从野外采回的土壤样品要及时放到样品风干场，摊成薄薄一层，置于干净整洁的室内通风处自然风干，严禁暴晒，并注意防止酸、碱等气体及灰尘的污染。风干过程中要经常翻动土样，并将大土块就捏碎以加速干燥，同时剔除侵入体。

风干后的土样按照不同的分析要研磨过筛，充分混匀后，装入样品瓶中备用。瓶内外各放一张标签，写明编号、采样地点、土壤名称、采样深度、样品粒径、采样日期、采样人及制样时间、制样人等项目。制备好的样品要妥善存贮，避免日晒、高温、潮湿和酸碱等气体的污染。全部分析工作结束，分析数据核实无误后，式样一般还要保存3~12个月，以备查询。"3414"实验等有价值、需要长期保存的样品，需保存于广口瓶中，用蜡封号瓶口。

（一）一般化学分析式样

将风干后的样品平铺在制样板上，用木棍或塑料棍碾压，直至全部样品通过2mm孔径筛为止。通过2mm孔径筛的土样可供pH值、盐分、交换性能及有效养分等项目的测定。

将通过2mm孔径筛的土样用四分法取出一部分继续碾磨，使之全部通过0.25mm孔径筛，供有机质、全氮、碳酸钙等项目的测定。

（二）微量元素分析试样

用于微量元素分析的土样，其处理方法同一般化学分析样品，但在采样、风干、研磨、过筛、运输、贮存等环节，不要接触容易造成样品污染的铁、铜等金属器具。采样、制样推荐使用不锈钢、木、竹或塑料工具，过筛使用尼龙网筛等。通过2mm孔径尼龙筛的样品可用于测定土壤有效态微量元素。

（三）颗粒分析试样

将风干土样反复碾碎，用2mm孔径筛过筛。留在筛上的碎石称量后保存，同时将过筛的土壤称重，计算石砾质量百分数。将通过2mm孔径筛的土样混匀后盛于广口瓶内，用于颗粒分析及其他物理性状测定。

若风干土样中有铁锰结核、石灰结核或半风化体，不能用木棍碾碎，应首先将其拣出称量保存，然后再进行碾碎。

五、样品分析与质量控制

（一）分析化验

1. 分析化验的意义

分析化验是进行测土配方施肥工作的重要组成部分，是掌握耕地地力和农业环境质量信息，进行农业生产和耕地质量管理的基础，是解决耕地障碍和农业环境质量问题不可或缺的重要手段，同时也是测土配方施肥工作中最容易出现误差的环节和数据信息的直接来源。当采集的样品送达实验室后，我们对每一个样品的分析化验都经过样品制备→样品前处理→分析测试→数据处理→检测报告整理五个环节，每个环节都与分析质量密切相关。因此，对每一个环节我们都强化技术管理，对分析化验的全过程进行了严格的质量控制，以确保分析结果真实有效。

2. 样品分析项目与方法

土壤样品分析测定严格按照农业部《测土配方施肥技术规范》和省《测土配方施肥项目工作规范》要求，确定测土配方施肥土壤样品分析测试项目及方法（表4-3）。其中pH值、有机质、全氮、有效磷、速效钾为全测项目，其余为部分测试项目，为验证样品化验结果的准确性和科学性，对每批样品都做了平行控制，对每天化验样品都插测了参比样，每30~50个加测参比样1个。

表4-3 测土配方施肥土壤样品分析测试项目与方法

项目		分析方法
	容重	环刀法
	pH值	玻璃电极法
	有机质	重铬酸钾—硫酸—油浴法
	全氮	凯氏蒸馏法
土壤	全磷	氢氧化钠熔融—钼锑抗比色法
	全钾	氢氧化钠熔融—火焰光度法
	碱解氮	碱解扩散法
	有效磷	碳酸氢钠提取—钼锑抗比色法

（续表）

项目		分析方法
土壤	速效钾	醋酸铵提取—火焰光度法
	缓效钾	热硝酸提取—火焰光度法
	有效铜	DTPA提取—原子吸收光谱法
	有效锌	DTPA提取—原子吸收光谱法
	有效铁	DTPA提取—原子吸收光谱法
	有效锰	DTPA提取—原子吸收光谱法
	有效硼	沸水提取—甲亚胺—H比色法
	交换性钙镁	乙酸铵浸提—原子吸收分光光度法
	交换性酸	氯化钾交换—中和滴定法
	阳离子交换量	EDTA—乙酸铵盐交换法
	机械组成	比重计法

（二）分析质量控制

化验室建筑面积共260m²，由样品处理室、样品贮藏室、天平室、电热室、分析室、消煮室、档案室等组成，分析室配置空调。已配设备包括原子吸收分光光度计、火焰光度计、紫外—可见分光光度计、凯氏定氮仪、酸度计、电导仪、超纯水器、振荡机、电热干燥箱、电子天平和计算机等仪器，共计设备投入55万元。实验室配备兼职人员2人，临时工4名。由于嘉善县化验室人员不足，样品除自己化验部分外，主要委托嘉兴市土壤肥料测试中心进行化验。

实验室环境条件、人力资源、仪器设备及标准物质、实验室内的质量均按测土配方施肥技术规范要求进行控制，确保检测的精密度和准确度。养分测试质量通过设置平行（20%）、加质控样（2%）、设置空白试验等加以控制，同时不定期对仪器设备进行校准，加强化验人员测试能力培训，并组织土肥专家对测试结果合理性进行判断，确保测试数据的真实准确。

1. 控制采样误差

首先根据测试项目和要求制定周密的采样方案，使用适宜的采样工具、样品容器、合理布设采样点，按照随机、等量、混匀、防止污染的原则，按规范在采样点规定采样深度、形状大小等一致的土样混合，尽量减少采样误差，及时送交化验室，按规定进行样品处理和保管。

2. 严格样品登记制度

野外采样送交化验室时，明确专人负责样品的验收登记，并将样品的标签内容与野外调查表一一进行仔细核对，填写样品登记表，做到样品标签、野外调查表、样品登记表3个表相符，在摊样、收样、制样和分析过程中，随时注意样品的核对和确认，严防错号。

3. 规范仪器设备的使用

实验室使用的计量仪器和重要设备在检测前一律通过检定或校准合格后投入使用，以保证检测结果的准确性；使用前后都对仪器设备的状况进行确认，必要时进行校验或运行检查，确认正常时方可投入使用。主要的仪器设备制定使用操作规程，并严格按操作规程使用仪器设备。

4. 严格分析质量

严格按规定的方法进行检验；标准溶液统一配制，并建立标准溶液领用制度，同时用国家有证标准物质对标准溶液进行校准；每批样必须按规定做空白样、平行样、密码样和参比样，结果超差或离群时，该批样品必须重做。

5. 严格数据的记录、校核和审核

规范统一原始记录表格，详细记录检测过程中影响质量的因子及试验数据，做到数据的可追溯性。原始记录须有分析人员、校核人签字。

第二节　评价依据及方法

耕地地力评价是指耕地在一定利用方式下，在各种自然要素相互作用下所表现出来的潜在生产能力的评价，揭示耕地潜在生物生产能力的高低。由于在一个较小的区域范围内，气候因素相对一致，因此耕地地力评价可以根据所在县域的地形地貌、成土母质、土壤理化性状、农田基础设施等因素相互作用表现出来的综合特征，揭示耕地潜在生物生产力，而作物产量是衡量耕地地力高低的指标。

一、评价原则和依据

（一）评价的原则

耕地地力就是耕地的生产能力，是在一定区域内一定的土壤类型上，耕地的土壤理化性状、所处自然环境条件、农田基础设施及耕作施肥管理水平等因素的总和。根据评价的目的要求，我们需要遵循一定的基本原则。

1.综合因素研究与主导因素分析相结合原则

土地是一个自然经济综合体，是人们利用的对象，对土地质量的鉴定涉及自然和社会经济多个方面，耕地地力也是各类要素的综合体现。所谓综合因素研究是指对地形地貌、土壤理化性状、相关社会经济因素之总体进行全面的研究、分析与评价，以全面了解耕地地力状况。主导因素是指对耕地地力起决定作用的、相对稳定的因子，在评价中要着重对其进行研究分析。因此，把综合因素与主导因素结合起来进行评价则可以对耕地地力做出科学准确的评定。

2.共性评价与专题研究相结合原则

嘉善县耕地利用存在菜地、农田等多种类型，土壤理化性状、环境条件、管理水平等不一，因此耕地地力水平有较大的差异。考虑县域内耕地地力的系统、可比性，针对不同的耕地利用等状况，应选用的统一的共同的评价指标和标准，即耕地地力的评价不针对某一特定的利用类型。为了了解不同利用类型的耕地地力状况及其内部的差异情况，则对有代表性的主要类型如蔬菜地等进行深入的专题研究。这样，共性的评价与专题研究相结合，使整个的评价和研究具有更大的应用价值。

3.定量和定性相结合的原则

土地系统是一个复杂的灰色系统，定量和定性要素共存，相互作用，相互影响。因此，为了保证评价结果的客观合理，宜采用定量和定性评价相结合的方法。在总体上，为了保证评价结果的客观合理，尽量采用定量评价方法，对可定量化的评价因子如有机质等养分含量、土层厚度等按其数值参与计算，对非数量化的定性因子如土壤表层质地、土体构型等则进行量化处理，确定其相应的指数，并建立评价数据库，以计算机进行运算和处理，尽量避免人为随意性因素影响。在评价因素筛选、权重确定、评价标准、等级确定等评价过程中，尽量采用定量化的数学模型，在此基础上则充分运用人工智能和专家知识，对评价的中间过程和评价结果进行必要的定性调整，定量与定性相结合，从而保证了评价结果的准确合理。

4. 采用GIS支持的自动化评价方法原则

自动化、定量化的土地评价技术方法是当前土地评价的重要方向之一。近年来，随着计算机技术，特别是GIS技术在土地评价中的不断应用和发展，基于GIS的自动化评价方法已不断成熟，使土地评价的精度和效率大大提高。本次的耕地地力评价工作将通过数据库建立、评价模型及其与GIS空间叠加等分析模型的结合，实现了全数字化、自动化的评价流程，在一定程度上代表了当前土地评价的最新技术方法。

（二）评价的依据

耕地地力评价的依据为NY/T 309—1996《全国耕地类型区、耕地地力等级划分》及《浙江省省级耕地地力分等定级技术规程》。根据全国耕地类型区划分标准，嘉善县水田为南方稻田耕地类型区，旱地为南方潮土旱地类型区。以上述两个标准为依据，对嘉善县境内的耕地地力进行评价和等级划分。开展耕地地力评价主要依据与此相关的各类自然和社会经济要素，具体包括以下3个方面。

1. 耕地地力的自然环境要素

包括耕地所处的地形地貌条件、水文地质条件、成土母质条件以及土地利用状况等。

2. 耕地地力的土壤理化要素

包括土壤剖面与土体构型、耕层厚度、质地、容重等物理性状，有机质、N、P、K等主要养分、微量元素、pH值、交换量等化学性状。

3. 耕地地力的农田基础设施条件

包括耕地的灌排条件、水土保持工程建设、培肥管理条件等。

二、评价技术流程

耕地地力评价工作分为4个阶段，一是准备阶段，二是调查分析阶段，三是评价阶段，四是成果汇总阶段，具体工作步骤详见图4-2。

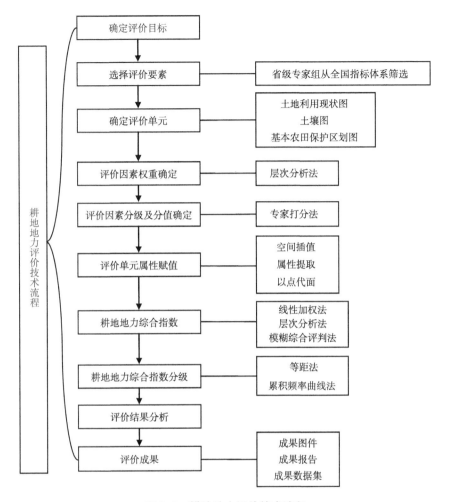

图4-2 耕地地力评价技术流程

三、评价指标

（一）耕地地力评价的指标体系

耕地地力即为耕地生产能力，是由耕地所处的自然背景、土壤本身特性和耕作管理水平等要素构成。耕地地力主要由三大因素决定：一是立地条件，就是与耕地地力直接相关的地形地貌及成土条件，包括成土时间与母质；二是土壤条件，包括土体构型、耕作层土壤的理化性状、土壤特殊理化指标；三是农田基础设施及培肥水平等。为了能比较正确地反映嘉善县耕地地力水平，以分出全县耕地地力等级，特邀请本市老土肥工作者根据工作经验，并参照浙江省耕地地力分等定级方案及兄弟单位工作经验，根据嘉善县耕地土壤属性、自然地理条件和农业生态特点，选择冬季地下水位、土体剖面构型、耕层厚度、质地、容重、pH值、阳离子交换量、水溶性盐总量、有机质、有效磷、速效钾、排涝抗旱能力等12项因子，作为嘉善县耕地地力评价的指标体系。共分3个层次：第一层为目标层，即耕地地力；第二层为状态层，其评价要素是在省级状态层要素中选取4个；第三层为指标层，其评价要素与省级指标层基本相同（表4-4）。

表4-4　嘉善县耕地地力评价指标体系

目标层	状态层	指标层
耕地地力	立地条件	冬季地下水位
	剖面性状	剖面构型
		耕层厚度
	耕层理化性状	质地
		容重
		pH值
		CEC
		水溶性盐总量
		有机质
		有效磷
		速效钾
	土壤管理	排涝（抗旱）能力

（二）评价指标的量化和分级

本次地力评价采用因素（即指标，下同）分值线性加权方法计算评价单元综合地力指数，因此，首先需要建立因素的分级标准，并确定相应的分值，形成因素分级和分值体系表。参照浙江省耕地地力评价指标分级分值标准，经嘉兴市、嘉善县有关专家评估比较，确定嘉善县各因素的分级和分值标准，分值

1表示最好，分值0.1表示最差，具体如表4-5至表4-18所示。

表4-5　冬季地下水位　　　　　　　　　　　　　　（cm）

≤20	20~50	50~80	80~100	>100
0.1	0.4	0.7	1.0	0.8

注：表中的指标区间，如20~50，表示大于20且小于等于50的区间范围，本报告中的所有区间表示的上下限取值均与此相同

表4-6　土壤剖面构型

水田	A-Ap-W-C	A-Ap-P-C A-Ap-Gw-G	A-Ap-C A-Ap-G
	1.0	0.7	0.3
旱地	A-[B]-C	A-[B]C-C	A-C
	1.0	0.5	0.1

表4-7　土壤耕层厚度　　　　　　　　　　　　　　（cm）

≤8.0	8.0~12	12~16	16~20	>20
0.3	0.6	0.8	0.9	1.0

表4-8　土壤质地

砂土	壤土	黏壤土	黏土
0.5	0.9	1.0	0.7

表4-9　土壤容重　　　　　　　　　　　　　　（g/cm³）

0.9~1.1	≤0.9或1.1~1.3	>1.3
1.0	0.8	0.5

表4-10　土壤pH值

≤4.5	4.5~5.5	5.5~6.5	6.5~7.5	7.5~8.5	>8.5
0.2	0.4	0.8	1.0	0.7	0.2

表4-11　土壌阳离子交换量　　　　　　　　　（0.01mol/kg）

≤5	5～10	10～15	15～20	>20
0.1	0.4	0.6	0.9	1.0

表4-12　土壌水溶性盐总量　　　　　　　　　　　（g/kg）

≤1	1～2	2～3	3～4	4～5	>5
1.0	0.8	0.5	0.3	0.2	0.1

表4-13　土壌有机质含量　　　　　　　　　　　　（g/kg）

≤10	10～20	20～30	30～40	>40
0.3	0.5	0.8	0.9	1.0

表4-14　土壌有效磷含量（Olsen法）　　　　　　（mg/kg）

≤5	5～10	10～15	15～20或>40	20～30	30～40
0.2	0.5	0.7	0.8	0.9	1.0

表4-15　土壌有效磷含量（Bray法）　　　　　　（mg/kg）

≤7	7～12	12～18	18～25或>50	25～35	35～50
0.2	0.5	0.7	0.8	0.9	1.0

表4-16　土壌速效钾含量　　　　　　　　　　　　（mg/kg）

≤50	50～80	80～100	100～150	>150
0.3	0.5	0.7	0.9	1.0

表4-17　土壌排涝（抗旱）能力（排涝能力）

一日暴雨一日排出	一日暴雨二日排出	一日暴雨三日排出
1.0	0.6	0.2

表4-18　土壌排涝（抗旱）能力（抗旱能力）

>70d	50～70d	30～50d	≤30d
1.0	0.8	0.4	0.2

　　注：表中的指标区间，如5～6，表示大于5且小于等于6的区间范围，本报告中涉及指标的所有区间表示的上下限取值均与此相同

（三）确定评价指标权重

12个指标确定权重体系同样参照浙江省耕地地力评价指标体系中的权重分配，确定嘉善县各指标权重（表4-19）。

表4-19　嘉善县耕地地力评价体系各指标权重

序号	指标	权重
1	冬季地下水位	0.06
2	剖面构型	0.07
3	耕层厚度	0.11
4	耕层质地	0.10
5	容重	0.07
6	pH值	0.06
7	阳离子交换量	0.09
8	水溶性盐总量	0.04
9	有机质	0.12
10	有效磷	0.08
11	速效钾	0.08
12	排涝或抗旱能力	0.12

四、评价方法

（一）地力指数计算

应用线性加权法，计算每个评价单元的综合地力指数（IFI）。计算公式为：

$$IFI = \sum (F_i \times w_i)$$

其中，$\sum$ 为求和运算符；F_i 为单元第 i 个评价因素的分值，w_i 为第 i 个评价因素的权重，也即该属性对耕地地力的贡献率。

（二）地力等级划分

应用等距法确定耕地地力综合指数分级方案，将我区耕地地力等级分为以下3等6级（表4-20）。

表4-20　嘉善县耕地地力评价等级划分

地力等级		耕地综合地力指数（IFI）
一等	一级	≥0.9
	二级	0.9~0.8
二等	三级	0.8~0.7
	四级	0.70~0.6
三等	五级	0.6~0.5
	六级	<0.50

五、地力评价结果的验证

2008年，嘉善县根据浙江省政府要求和省政府领导指示精神，曾组织开展了31.772 3万亩标准农田的地力调查与分等定级、基础设施条件核查，明确了标准农田的数量和地力等级状况，掌握了标准农田质量和存在的问题。经实地详细核查，标准农田分等定级结果符合实际产量情况。在此基础上，从2009年起启动以吨粮生产能力为目标、以地力培育为重点的标准农田质量提升工程。

为了检验本次耕地地力的评价结果，我们采用经验法，以2008年标准农田分等定级成果为参考，借助GIS空间叠加分析功能，对本次耕地地力评价与2008年标准农田地域重叠部分的评价结果（分等定级类别）进行了吻合程度分析。结果表明，此次地力评价结果中属于标准农田区域范围的耕地其地力等级与标准农田分等定级结果吻合程度达89.1%，由此可以推断本次耕地地力评价结果是合理的。

第三节　耕地资源管理信息系统建立与应用

耕地资源信息系统以行政区域内耕地资源为管理对象，主要应用地理信息系统技术对辖区的地形、地貌、土壤、土地利用、农田水利、土壤污染、农业生产基本情况、基本农田保护区等资料进行统一管理，构建耕地资源基础信息系统，并将此数据平台与各类管理模型结合，对辖区内的耕地资源进行系统的动态的管理，为农业决策者、农民和农业技术人员提供耕地质量动态变化、土壤适宜性、施肥咨询、作物营养诊断等多方位的信息服务。图4-3概要描述了系统层次关系。

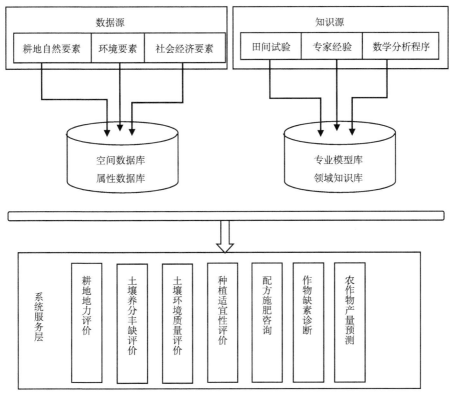

图4-3　系统层次描述

一、资料收集与整理

耕地地力评价是以耕地的各性状要素为基础，因此必须广泛地收集与评价有关的各类自然和社会经济因素资料，为评价工作做好数据的准备。本次耕地地力评价我们收集获取的资料主要包括以下几个方面。

（一）野外调查资料

按野外调查点获取，主要包括地形地貌、土壤母质、水文、土层厚度、表层质地、耕地利用现状、灌排条件、作物长势产量、管理措施水平等。

（二）室内化验分析资料

包括有机质、全氮、速效磷、速效钾等大量养分含量，以及pH值、土壤容重、阳离子交换量和盐分等。

（三）社会经济统计资料

以行政区划为基本单位的人口、土地面积、作物及蔬菜瓜果面积，以及各类投入产出等社会经济指标数据。

（四）图件资料

图件资料收集详见表4-21。

表4-21　嘉善县图件资料汇总

层次	比例尺	图名
	1∶50 000	嘉善县行政区划图
	1∶50 000	嘉善县土壤图及养分图
嘉善县	1∶50 000	嘉善县土地利用现状图
	1∶50 000	基本农田保护区现状图
	1∶50 000	嘉善县水系图

其中，嘉善县土壤图是确定耕地地力评价单元的重要基础图件，由技术协作单位浙江省农业科学院环土所完成图件数字化；土地利用现状图也是确定评价单元的重要图件，由县国土资源局提供。

（五）多媒体资料收集与整理

土壤典型剖面照片；当地典型景观照片；特色农产品介绍；地方介绍资料。

（六）其他文字资料

包括年粮食单产、总产、种植面积统计资料，农村及农业生产基本情况资料，历年土壤肥力监测点田间记载及分析结果资料，近几年主要粮食作物、主要品种产量构成资料，嘉善县土壤志及二次土壤普查时形成的记录册等。

二、空间数据库的建立

（一）图件整理

对收集的图件进行筛选、整理、命名、编号。

（二）数据预处理

图形预处理是为简化数字化工作而按设计要求进行的图层要素整理与删选过程，预处理按照一定的数字化方法来确定，也是数字化工作的前期准备。

（三）图件数字化

地图数字化工作包括几何图形数字化与属性数字化。属性数字化采用键盘录入方法。图形数字化的方法很多，其中常用的方法是手扶跟踪数字化和扫描屏幕数字化两种。本次采用的是扫描后屏幕数字化。过程具体如下：先将经过预处理的原始地图进行大幅面的扫描仪扫描成300dpi的栅格地图，然后在Arc-Map中打开栅格地图，进行空间定位，确定各种容差之后，在屏幕上手动跟踪图形要素而完成数字化工作；数字化完了之后对数字地图进行矢量拓扑关系检查与修正；然后再对数字地图进行坐标转换与投影变换，本次工作中，大地基准坐标系采用北京1954坐标系，高程基准采用1956年黄海高程系。最后，所有矢量数据都转换成ESRI的ShapeFile文件。

（四）空间数据库内容

耕地资源管理信息系统空间数据库包含的主要矢量图层见表4-22，各空间要素层的属性信息在属性数据库中介绍。

表4-22　耕地资源管理信息系统空间数据库主要图层

序号	图层名称	图层类型
1	行政区划图	面（多边形）
2	行政注记	点
3	行政界线图	线
4	地貌类型图	面（多边形）

（续表）

序号	图层名称	图层类型
5	交通道路图	线
6	水系分布图	面（多边形）
7	1：10 000土地利用现状图	面（多边形）
8	土壤图	面（多边形）
9	耕地地力评价单元图	面（多边形）
10	耕地地力评价成果图	面（多边形）
11	耕地地力调查点位图	点
12	测土配方施肥采样点位图	点
13	第二次土壤普查点位图	点
14	各类土壤养分图	面（多边形

三、属性数据库的建立

属性数据包括空间属性数据与非空间属性数据，前者指与空间要素一一对应的要素属性，后者指各类调查、统计报表数据。

（一）空间属性数据库结构定义

本次工作在满足《县域耕地资源管理信息系统数据字典》要求的基础上，根据浙江省实际加以适当补充，对空间属性信息数据结构进行了详细定义。表4-23、表4-24、表4-25、表4-26分别描述了土地利用现状要素、土壤类型要素、耕地地力调查取样点要素、耕地地力评价单元要素的数据结构定义。

表4-23　土地利用现状图要素属性结构

字段中文名	字段英文名	字段类型	字段长度	小数位	说明
目标标识码	FID	Int	10		系统自动产生
乡镇代码	XZDM	Char	9		
乡镇名称	XZMC	Char	20		

（续表）

字段中文名	字段英文名	字段类型	字段长度	小数位	说明
权属代码	QSDM	Char	12		指行政村
权属名称	QSMC	Char	20		指行政村
权属性质	QSXZ	Char	3		
地类代码	DLDM	Char	5	0	
地类名称	DLMC	Char	20	0	
毛面积	MMJ	Float	10	1	单位：m^2
净面积	JMJ	Float	10	1	单位：m^2

表4-24　土壤类型图要素属性结构

字段中文名	字段英文名	字段类型	字段长度	小数位	说明
目标标识码	FID	Int	10		系统自动产生
市土种代码	XTZ	Char	10		
市土种名称	XTZ	Char	20		
市土属名称	XTS	Char	20		
市亚类名称	XYL	Char	20		
市土类名称	XTL	Char	20		
省土种名称	STZ	Char	20		
省土属名称	STS	Char	20		
省亚类名称	SYL	Float	20		
省土类名称	STL	Float	20		
面积	MJ	Float	10	1	
备注	BZ	Char	20		

表4-25　耕地地力调查取样点位图要素属性结构

字段中文名	字段英文名	字段类型	字段长度	小数位	说明
目标标识码	FID	Int	10		系统自动产生
统一编号	CODE	Char	19		

（续表）

字段中文名	字段英文名	字段类型	字段长度	小数位	说明
采样地点	ADDR	Char	20		
东经	EL	Char	16		
北纬	NB	Char	16		
采样日期	DATE	Date			
地貌类型	DMLX	Char	20		
地形坡度	DXPD	Float	4	1	
地表砾石度	LSD	Float	4	1	
成土母质	CTMZ	Char	16		
耕层质地	GCZD	Char	12		
耕层厚度	GCHD	Int			
剖面构型	PMGX	Char	12	1	
排涝能力	PLNL	Char	20		
抗旱能力	KHNL	Char	20		
地下水位	DXSW	Int	4		
CEC	CEC	Float	8	1	
容重	BD	Float	8	2	
全盐量	QYL	Float	8	2	
pH值	PH	Float	8	1	
有机质	OM	Float	8	2	
有效磷	AP	Float	8	2	
速效钾	AK	Float	8	2	

表4-26 耕地地力评价单元图要素属性结构

字段中文名	字段英文名	字段类型	字段长度	小数位	说明
目标标识码	FID	Int	10		系统自动产生
单元编号	CODE	Char	19		

（续表）

字段中文名	字段英文名	字段类型	字段长度	小数位	说明
乡镇代码	XZDM	Char	9		
乡镇名称	XZMC	Char	20		
权属代码	QSDM	Char	12		
权属名称	QSMC	Char	20		
地类代码	DLDM	Char	5	0	
地类名称	DLMC	Char	20	0	
毛面积	MMJ	Float	10	1	单位：m²
净面积	JMJ	Float	10	1	单位：m²
市土种代码	XTZ	Char	10		
市土种名称	XTZ	Char	20		
地貌类型	DMLX	Char	20		
地形坡度	DXPD	Float	4	1	
地表砾石度	LSD	Float	4	1	
耕层质地	GCZD	Char	12		
耕层厚度	GCHD	Int			
剖面构型	PMGX	Char	12		
排涝能力	PLNL	Char	20		
抗旱能力	KHNL	Char	20		
地下水位	DXSW	Int			
CEC	CEC	Float	8	2	
容重	BD	Float	8	2	
水溶性盐	QYL	Float	8	2	
pH值	PH	Float	3	1	
有机质	OM	Float	8	2	
有效磷	AP	Float	8	2	

（续表）

字段中文名	字段英文名	字段类型	字段长度	小数位	说明
速效钾	AK	Float	8	2	
障碍因子	ZA	Char	20		
地力指数	DLZS	Float	6	3	
地力等级	DLDJ	Int	1		

（二）空间数据属性数据的入库

空间属性数据库的建立与入库可独立于空间数据库和地理信息系统，可以在Excel、Access、FoxPro下建立，最终通过ArcGIS的Join工具实现数据关联。具体为：在数字化过程中建立每个图形单元的标识码，同时在Excel中整理好每个图形单元的属性数据，接着将此图形单元的属性数据转化成用关系数据库软件FoxPro的格式，最后利用标识码字段，将属性数据与空间数据在ArcMap中通过Join命令操作，这样就完成了空间数据库与属性数据库的联接，形成统一的数据库，也可以在ArcMap中直接进行属性定义和属性录入。

（三）非空间数据属性数据库建立

非空间属性信息，主要通过Microsoft Access 2007存储。主要包括嘉善县—浙江省土种对照表、农业基本情况统计表、社会经济发展基本情况表、历年土壤肥力监测点情况统计表、年粮食生产情况表等。

四、确定评价单元及单元要素属性

（一）确定评价单元

评价单元是由对土地质量具有关键影响的各土地要素组成的空间实体，是土地评价的最基本单位、对象和基础图斑。同一评价单元内的土地自然基本条件、土地的个体属性和经济属性基本一致，不同土地评价单元之间，既有差异性，又有可比性。耕地地力评价就是要通过对每个评价单元的评价，确定其地力级别，把评价结果落实到实地和编绘的土地资源图上。因此，土地评价单元划分的合理与否，直接关系到土地评价的结果以及工作量的大小。

由于本次工作采用的基础图件—土地利用现状图的尺度能够满足单元内部属性基本一致的要求，包括土壤类型。因此，工作中直接从土地利用现状图上提取耕地，生成耕地地力评价单元图。

（二）单元因素属性赋值

耕地地力评价单元图除了从土地利用现状单元继承的属性外，对于参与耕地地力评价的因素属性及土壤类型等必须根据不同情况通过不同方法进行赋值。

1. 空间叠加方式

对于地貌类型、排涝抗旱能力等成较大区域连片分布的描述型因素属性，可以先手工描绘出相应的底图，然后数字化建立各专题图层，如地貌分区图、抗旱能力分区图等，再把耕地地力评价单元图与其进行空间叠加分析，从而为评价单元赋值。同样方法，从土壤类型图上提取评价单元的土壤信息。这里可能存在评价与专题图上的多个矢量多边形相交的情况，我们采用以面积占优方法进行属性值选择。

2. 以点代面方式

对于剖面构型、质地等一般描述型属性，根据调查点分布图，利用以点代面的方法给评价单元赋值。当单元内含有一个调查点时，直接根据调查点属性值赋值；当单元内不包含多个调查点时，一般以土壤类型作为限制条件，根据相同土壤类型中距离最近的调查点属性值赋值；当单元内包含多个调查点时，需要对点作一致性分析后再赋值。

3. 区域统计方式

对于耕层厚度、容重、有机质、有效磷等定量属性，分两步走，首先将各个要素进行Kriging空间插值计算，并转换成Grid数据格式；然后分别与评价单元图进行区域统计（Zonal Statistics）分析，获取评价单元相应要素的属性值。

最后，使得基本评价单元图的每个图斑都有相应的12个评价要素的属性信息。

五、面积平差

由于土地利用现状图成图时间较早，而最终面积数据需要以2008年年末统计报告数据为准，因此对耕地地力评价单元图，以乡镇为单位分别进行面积平差，保证评价结果数据与统计报告数据的一致。

六、耕地资源管理系统建立与应用

结合耕地资源管理需要，基于GIS组件开发了耕地资源信息系统，除基本的数据入库、数据编辑、专题图制作外，主要包括取样点上图、化验数据分析、耕地地力评价、成果统计报表输出、作物配方施肥等专业功能。利用该系统开展了耕地地力评价、土壤养分状况评价、耕地地力评价成果统计分析及成果专题图件制作。在此基础上，利用大量的田间试验分析结果，优化作物测土配方施肥模型参数，形成本地化的作物配方施肥模型，指导农民科学施肥。

为更好地发挥耕地地力评价成果的作用，更便捷地向公众提供耕地资源与科学施肥信息服务，我们基于WebGIS开发了网络版耕地地力与配方施肥信息系统，只需要普通的IE浏览器就可访问。该系统主要对外发布耕地资源分布、土壤养分状况、地力等级状况、耕地地力评价调查点与测土配方施肥调查点有关土壤元素化验信息，以及主要农业产业布局，重点是开展本地主要农作物科学施肥咨询。

第四节　耕地地力分级与利用

一、耕地地力评价指标体系

耕地地力是指由土壤本身特征，自然背景和耕作管理水平等要素构成的耕地生产能力。耕地是土壤的精华，是人们获取粮食及其他农产品而不可替代的生产资料。耕地地力由三大主要因素决定；一是立地条件，即与耕地地力直接相关的地形地貌及成土母质特征；二是土壤条件，包括土体构型、耕作层土壤的理化性状、特殊土壤的理化指标；三是农田基础设施及培肥水平等。为了比较准确地评价嘉善县耕地地力，根据专家经验法，选择了冬季地下水位、剖面构型、耕层质地、耕层厚度、排涝（抗旱）能力、耕层容重、阳离子交换量、pH值、有机质、有效磷、速效钾、水溶性盐总量等12项要素，构成嘉善县耕地地力评价的指标体系，将全县耕地分成二等三级。

二、耕地地力分级面积

此次评价，嘉善县耕地总面积以457 758亩计，土壤类型以水稻土为主，潮土面积很少。根据耕地地力与配方施肥信息系统分析汇总，将耕地地力划分为二等三级：全县一等田285 258亩，占全县总耕地面积的62.3%，其中一级田、二级田为12 144亩、273 113亩；二等田面积172 501亩，占37.7%，均为三级田（图4-4，表4-27），各镇耕地地力评价分级情况详见表4-28。

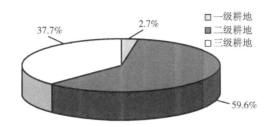

图4-4　各级耕地比例

嘉善县的耕地地力等级与各土种所处的微地形地势和土壤各项指标有一定的关系。属于一级耕地的土种主要有黄斑田、黄心青紫泥田、青塥黄斑田；属于二级耕地的土种主要有青紫泥田、黄心青紫泥田、青紫头小粉田、青塥黄斑田、壤质堆叠土；微地形地势较低的白心青紫泥田、泥炭心青紫泥田和烂青紫泥田为三级耕地（表4-27至表4-29）。

表4-27　嘉善县各镇耕地地力评价分级统计

评价等级		地块总数	所占比例（%）	总面积（亩）	所占比例（%）
一等田		1 040	63.7	285 258	62.3
其中	一级	49	3.0	12 144	2.7
	二级	991	60.7	273 113	59.7
二等田		592	36.3	172 501	37.7
其中	三级	592	36.3	172 501	37.7
	四级	0	0.0	0	0.0
合计		1 632	100	457 758	100

注：所占比例累加可能会有0.1%误差

表4-28 嘉善县各镇耕地地力评价分级统计

乡镇名称	地块数	百分比(%)	面积(亩)	百分比(%)	地力指数平均值	一等田(亩)	百分比(%)	其中		二等田	百分比(%)	其中	
								一级田(%)	二级田(%)			三级田(%)	四级田(%)
大云镇	103	6.3	24 231	5.3	0.896	24 231	100.0	45.2	54.8	0.0	0.0	0.0	0.0
丁栅镇	197	12.1	33 968	7.4	0.763	1 721	5.1	0.0	5.1	32 247	94.9	94.9	0.0
干窑镇	135	8.3	37 271	8.1	0.846	37 245	99.9	0.0	99.9	27	0.1	0.1	0.0
洪溪镇	85	5.2	27 367	6.0	0.774	51	0.2	0.0	0.2	27 315	99.8	99.8	0.0
惠民镇	205	12.6	31 377	6.9	0.831	31 377	100.0	1.8	98.2	0.0	0.0	0.0	0.0
陶庄镇	141	8.6	40 563	8.9	0.751	328	0.8	0.0	0.8	40 235	99.2	99.2	0.0
天凝镇	51	3.1	21 361	4.7	0.763	0.0	0.0	0.0	0.0	21 361	100.0	100.0	0.0
魏塘镇	294	18.0	94 292	20.6	0.837	94 292	100.0	0.7	99.3	0.0	0.0	0.0	0.0
西塘镇	238	14.6	84 436	18.4	0.808	62 128	73.6	0.0	73.6	22 308	26.4	26.4	0.0
杨庙镇	60	3.7	31 469	6.9	0.788	2 462	7.8	0.0	7.8	29 007	92.2	92.2	0.0
姚庄镇	123	7.5	31 422	6.9	0.833	31 422	100.0	0.0	100.0	0.0	0.0	0.0	0.0

表4-29 嘉善县耕地地力等级土种构成

土种	地块数	百分比(%)	面积(亩)	百分比(%)	一等田(亩)	百分比(%)	其中		二等田(亩)	其中	
							一级田(%)	二级田(%)		三级田(%)	四级田(%)
白心青紫泥田	121	7.4	41 411	9.0	23 167	55.9	0.0	55.9	18 244	44.1	44.1
潮泥土	37	2.3	1 031	0.2	679	65.9	0.0	65.9	352	34.1	34.1
粉心青紫泥田	10	0.6	2 448	0.5	2 141	87.4	0.0	87.4	307	12.6	12.6
黄斑青紫泥田	337	20.6	76 654	16.7	17 369	22.7	0.0	22.7	59 285	77.3	77.3
黄斑田	358	22.0	87 649	19.1	57 946	66.1	2.8	63.4	29 704	33.9	33.9
黄心青紫泥田	304	18.6	98 448	21.5	78 053	79.3	6.2	73.0	20 394	20.7	20.7
烂青紫泥田	12	0.7	445	0.1	0.0	0.0	0.0	0.0	445	100.0	100.0
泥炭心青紫泥田	3	0.2	2 816	0.6	0.0	0.0	0.0	0.0	2 816	100.0	100.0
泥汀黄斑田	1	0.1	2	0.0	2	100.0	100.0	0.0	0.0	0.0	0.0
青塥黄斑田	97	5.9	35 254	7.7	25 141	71.3	10.2	61.1	10 113	28.7	28.7
青紫泥田	303	18.6	106 619	23.3	75 887	71.2	0.0	71.2	30 732	28.8	28.8
青紫头小粉田	23	1.4	4 542	1.0	4 521	99.6	0.0	99.6	20	0.4	0.4
壤质堆叠土	26	1.6	440	0.1	352	80.0	0.0	80.0	88	20.0	20.0
合计	1 632	0.0	457 758	0.0	285 258	62.3	0.0	0.0	172 501	37.7	0.0

三、一级地力耕地

嘉善县一级地力耕地面积为12 144亩，主要分布于大云镇、惠民镇和魏塘镇，土种主要有黄斑田、黄心青紫泥田、青塥黄斑田和泥汀黄斑田等。

（一）立地状况

该级地力耕地的地貌类型为水网平原。成土母质为河湖相沉积物和河海相沉积物，土壤质地为黏壤土、黏土，水稻基础地力产量在550kg/亩以上，耕层厚度水田在15cm左右（表4-30），100cm土体内无障碍层出现或出现在40~60cm下（表4-31），剖面构型为A-Ap-W-C、A-Ap-Gw-G等为主。灌溉保证率在95%以上，排涝能力达到一日暴雨一日排出，属旱涝保收农田。

表4-30　嘉善县一级地力耕地土壤耕层厚度分布情况

乡镇名称	耕层厚度					面积（亩）	占全县一级比例（%）
	最小值（cm）	最大值（cm）	平均值（cm）	标准差	变异系数		
大云镇	13.00	16.00	14.27	0.60	0.04	10 941.8	90.1
惠民镇	14.00	14.00	14.00	0.00	0.00	554.6	4.6
魏塘镇	15.00	15.00	15.00	0.38	0.03	647.8	5.3

表4-31　嘉善县一级地力耕地地下水位分布情况

乡镇名称	冬季地下水位					面积（亩）	占全县一级比例（%）
	最小值（cm）	最大值（cm）	平均值（cm）	标准差	变异系数		
大云镇	51.00	62.00	56.68	2.64	0.05	10 941.8	90.1
惠民镇	52.00	54.00	53.33	1.15	0.02	554.6	4.6
魏塘镇	48.00	50.00	49.00	2.70	0.06	647.8	5.3

（二）理化性状

1. 容重

一级耕地的耕层容重为1.11~1.17g/cm³，平均值为1.15g/cm³，标准差

0.02，变异系数0.02。一级耕地的耕层土壤容重为1.1～1.3g/cm³，面积12 144.2亩（表4-32）。

表4-32　嘉善县一级地力耕地土壤容重分布情况

乡镇名称	容重					面积（亩）	占全县一级比例（％）
	最小值（g/cm³）	最大值（g/cm³）	平均值（g/cm³）	标准差	变异系数		
大云镇	1.11	1.17	1.15	0.02	0.02	10 941.8	90.1
惠民镇	1.16	1.16	1.16	0.00	0.00	554.6	4.6
魏塘镇	1.15	1.15	1.15	0.00	0.00	647.8	5.3

2. 阳离子交换量

一级地力耕地评价单元的阳离子交换量为17.43～21.69cmol/kg，平均为19.66cmol/kg，标准差为0.99，变异系数为0.05。一级地力耕地土壤阳离子交换量主要为15～20cmol/kg，共7 753.7亩，占一级耕地总面积的63.8%，大于20cmol/kg共4 390.4亩，占一级耕地总面积的36.2%（表4-33）。全县一级地力耕地的阳离子交换量总体较高，土壤的保蓄性能较好，缓冲能力强。

表4-33　嘉善县一级地力耕地土壤阳离子交换量分布情况

乡镇名称	阳离子交换量					面积（亩）	占全县一级比例（％）
	最小值（cmol/kg）	最大值（cmol/kg）	平均值（cmol/kg）	标准差	变异系数		
大云镇	17.43	21.69	19.61	1.00	0.05	10 941.8	90.1
惠民镇	19.76	20.06	19.95	0.17	0.01	554.6	4.6
魏塘镇	20.24	20.36	20.30	1.02	0.05	647.8	5.3

3. pH值

一级地力耕地所有评价单元的pH值为5.70～6.504，平均值为5.95，标准差0.15，变异系数0.03。一级地力耕地土壤pH值主要为5.5～6.5，共12 144.2亩（表4-34）。

表4-34 嘉善县一级地力耕地土壤pH值分布情况

乡镇名称	土壤pH值					面积（亩）	占全县一级比例（%）
	最小值	最大值	平均值	标准差	变异系数		
大云镇	5.70	6.50	5.95	0.14	0.02	10 941.8	90.1
惠民镇	5.90	6.00	5.93	0.06	0.01	554.6	4.6
魏塘镇	6.00	6.20	6.10	0.28	0.05	647.8	5.3

（三）养分状况

1. 有机质

一级地力耕地各评价单元的耕层土壤有机质含量为27.06~32.91g/kg，平均为30.22g/kg，标准差为1.43，变异系数为0.05（表4-35）。一级耕地土壤有机质主要为20~40g/kg，其中为20~30g/kg的共5 816.3亩，占一级耕地总面积的47.9%；30~40g/kg的共6 328.1亩，占总面积的52.1%。与全县有机质含量相比较，一级耕地的有机质含量不是很高，但是因为一级耕地所在的三个镇都分布在路南地区，符合有机质整个变化趋势，即路南较低，路北较高。

表4-35 嘉善县一级地力耕地土壤有机质分布情况

乡镇名称	土壤有机质					面积（亩）	占全县一级比例（%）
	最小值（g/kg）	最大值（g/kg）	平均值（g/kg）	标准差	变异系数		
大云镇	27.06	32.91	30.25	1.39	0.05	10 941.8	90.1
惠民镇	29.23	29.92	29.55	0.35	0.01	554.6	4.6
魏塘镇	29.05	32.17	30.61	2.30	0.08	647.8	5.3

2. 全氮

一级地力耕地各评价单元的耕层土壤全氮含量为1.54~2.03g/kg，平均含量为1.81g/kg，标准差为0.10，变异系数为0.05（表4-36）。一级耕地土壤全氮主要为1.5~2.0g/kg，共10 987.9亩，占一级耕地总面积的90.5%；分布在

2.0~2.5g/kg的共1 156.2亩，占总面积的9.5%。与全县全氮平均含量相比，一级耕地的全氮含量与有机质一样偏低。

表4-36　嘉善县一级地力耕地土壤全氮分布情况

乡镇名称	土壤全氮					面积（亩）	占全县一级比例（%）
	最小值（g/kg）	最大值（g/kg）	平均值（g/kg）	标准差	变异系数		
大云镇	1.54	2.03	1.81	0.09	0.05	10 941.8	90.1
惠民镇	1.77	1.80	1.78	0.02	0.01	554.6	4.6
魏塘镇	1.72	1.95	1.84	0.18	0.10	647.8	5.3

3. 有效磷

一级地力耕地各评价单元的耕层土壤有效磷含量为15.35~89.57mg/kg，平均含量为43.08mg/kg，标准差为17.25，变异系数为0.40（表4-37）。一级耕地土壤有效磷大多大于20mg/kg，其中20~30mg/kg的共3 050.0亩，占一级耕地总面积的25.1%；含量为30~40mg/kg的共4 440.4亩，占总面积的36.6%；含量大于40mg/kg的共3 496.0亩，占总面积的28.8%，另外含量为15~20mg/kg的共1 157.8亩，占总面积的9.5%。一级耕地土壤有效磷的丰缺程度较高，但是各乡镇之间以及乡镇内的评价单元之间的含量差异相对也较大，主要原因应该与实产实践有关，施肥用量不一。

表4-37　嘉善县一级地力耕地土壤有效磷分布情况

乡镇名称	土壤有效磷					面积（亩）	占全县一级比例（%）
	最小值（mg/kg）	最大值（mg/kg）	平均值（mg/kg）	标准差	变异系数		
大云镇	15.35	89.57	42.84	17.20	0.40	10 941.8	90.1
惠民镇	47.92	58.11	52.32	5.24	0.10	554.6	4.6
魏塘镇	31.49	37.52	34.51	19.82	0.57	647.8	5.3

4.速效钾

一级地力耕地各评价单元耕层土壤的速效钾为105.00～208.00mg/kg，平均含量为147.57mg/kg，标准差为27.55，变异系数0.19（表4-38）。构成一级地力耕地耕层土壤速效钾含量都比较高，平均值均在100mg/kg以上，主要为100～150mg/kg，共8 793.5亩，占一级耕地总面积的72.4%；另外含量>150mg/kg的共3 350.7亩，占总面积的27.6%。一级耕地土壤速效钾的丰缺程度较高，部分评价单元速效钾含量差异较大，这主要是由于少数蔬菜地等大量施肥导致土壤速效钾含量特别。

表4-38　嘉善县一级地力耕地土壤速效钾分布情况

乡镇名称	土壤速效钾					面积（亩）	占全县一级比例（%）
	最小值（mg/kg）	最大值（mg/kg）	平均值（mg/kg）	标准差	变异系数		
大云镇	105.00	208.00	147.75	27.91	0.19	10 941.8	90.1
惠民镇	141.00	156.00	147.00	7.94	0.05	554.6	4.6
魏塘镇	136.00	153.00	144.50	24.54	0.17	647.8	5.3

（四）生产性能及管理建议

一级地力耕地是嘉善县综合生产潜力最高的一类耕地。长期以来，由于农业生产的精耕细作，对耕地采取了科学管理和肥力培育，土壤发育程度好，生产性能好，土壤宜种性强，排灌渠系完善，属旱涝保收的高产稳产良田。目前，农业利用上以水旱两熟为主，旱作以蔬菜、西瓜、油菜、大麦为主，水作以单季晚稻为主，年粮食生产能力在550kg/亩左右。从这次调查结果看耕作层有机质、速效磷、速效钾、阳离子交换量（CEC）和容重指标值都比较好，反映出土壤肥力水平较高，保肥供肥能力强，但也存在土壤养分含量各评价单元之间不均衡，有部分土壤pH值较低，特别是一些常年大棚蔬菜有酸化趋势。因此，对于这类耕地的管理，农业种植上，可以根据市场需求，在作物适宜的温、光等自然环境条件下调整农业种植结构，在生产管理上，要因地制宜，因缺补缺，同时在增施有机肥的基础上调整用肥结构，多施碱性或生理碱性肥料。总之，根据土壤实际状况加强测土配方施肥和平衡施肥技术的应用推广，以培育和提高土壤肥力。

四、二级地力耕地

嘉善县二级地力耕地面积为273 113亩，主要分布于大云镇、干窑、惠民镇、魏塘镇、西塘镇和姚庄镇，土种主要有粉心青紫泥田、黄斑田、黄心青紫泥田、青紫泥田、白心青紫泥田和青塥黄斑田等。

（一）立地状况

该级地力耕地的地貌类型为水网平原。成土母质为河湖相沉积物和河海相沉积物，土壤质地为黏壤土、黏土，水稻基础地力产量在550kg/亩左右，耕层厚度为12～20cm（表4-39），部分地区地下水位相对偏高（表4-40），剖面构型为A-Ap-W-C、A-Ap-Gw-G等为主。灌溉保证率在95%以上，排涝能力达到一日暴雨一日排出或一日暴雨二日排出属旱涝保收农。

表4-39　嘉善县二级地力耕地土壤耕层厚度分布情况

乡镇名称	耕层厚度					面积（亩）	占全县二级比例（%）
	最小值（cm）	最大值（cm）	平均值（cm）	标准差	变异系数		
大云镇	13.00	15.00	14.29	0.58	0.04	13 289.7	4.9
丁栅镇	14.00	15.00	14.75	0.41	0.03	1 720.6	0.6
干窑镇	13.00	16.00	14.47	0.64	0.04	37 244.5	13.6
洪溪镇	15.00	15.00	15.00	0.58	0.04	51.5	0.0
惠民镇	12.00	16.00	14.22	0.64	0.05	30 822.8	11.3
陶庄镇	13.00	13.00	13.00	—	—	327.7	0.1
魏塘镇	13.00	16.00	14.31	0.54	0.04	93 644.7	34.3
西塘镇	12.00	15.00	13.46	0.79	0.06	62 127.6	22.7
杨庙镇	14.00	14.00	14.00	—	—	2 462.0	0.9
姚庄镇	13.00	20.00	15.03	1.06	0.07	31 422.4	11.5

表4-40　嘉善县二级地力耕地地下水位分布情况

乡镇名称	冬季地下水位					面积（亩）	占全县二级比例（%）
	最小值（cm）	最大值（cm）	平均值（cm）	标准差	变异系数		
大云镇	51.00	61.00	56.36	2.31	0.04	13 289.7	4.9
丁栅镇	19.00	37.00	32.75	4.70	0.14	1 720.6	0.6
干窑镇	22.00	46.00	34.73	4.17	0.12	37 244.5	13.6
洪溪镇	25.00	25.00	25.00	0.00	0.00	51.5	0.0
惠民镇	41.00	54.00	45.44	1.72	0.04	30 822.8	11.3
陶庄镇	16.00	16.00	16.00	—	—	327.7	0.1
魏塘镇	37.00	50.00	44.30	2.11	0.05	93 644.7	34.3
西塘镇	16.00	33.00	18.84	3.82	0.20	62 127.6	22.7
杨庙镇	21.00	35.00	29.86	5.40	0.18	2 462.0	0.9
姚庄镇	26.00	44.00	39.73	3.39	0.09	31 422.4	11.5

（二）理化性状

1. 容重

二级耕地的耕层容重为0.95~1.21g/cm³，平均值为1.11g/cm³，标准差0.04，变异系数0.04。二级耕地的耕层土壤容重为1.1~1.3g/cm³，面积12 144.2亩，占二级耕地总面积的59.2%；容重为0.9~1.1g/cm³，面积111 486.0亩，占总面积的40.8%（表4-41）。

表4-41　嘉善县二级地力耕地土壤容重分布情况

乡镇名称	容重					面积（亩）	占全县二级比例（%）
	最小值（g/cm³）	最大值（g/cm³）	平均值（g/cm³）	标准差	变异系数		
大云镇	1.11	1.18	1.15	0.01	0.01	13 289.7	4.9
丁栅镇	1.01	1.07	1.03	0.03	0.03	1 720.6	0.6

（续表）

乡镇名称	容重					面积（亩）	占全县二级比例（%）
	最小值（g/cm³）	最大值（g/cm³）	平均值（g/cm³）	标准差	变异系数		
干窑镇	1.00	1.21	1.12	0.05	0.05	37 244.5	13.6
洪溪镇	1.13	1.13	1.13	0.01	0.01	51.5	0.0
惠民镇	1.06	1.18	1.13	0.03	0.02	30 822.8	11.3
陶庄镇	1.09	1.09	1.09	—	—	327.7	0.1
魏塘镇	1.07	1.20	1.14	0.02	0.02	93 644.7	34.3
西塘镇	0.97	1.15	1.06	0.05	0.04	62 127.6	22.7
杨庙镇	1.12	1.15	1.13	0.01	0.01	2 462.0	0.9
姚庄镇	0.95	1.12	1.06	0.03	0.03	31 422.4	11.5

2. 阳离子交换量

二级地力耕地评价单元的阳离子交换量为16.85～25.59cmol/kg，平均为20.37cmol/kg，标准差为1.21，变异系数为0.06。二级地力耕地土壤阳离子交换量为15～20cmol/kg，共100 728.3亩，占二级耕地总面积的36.9%，大于20cmol/kg共172 385.1亩，占二级耕地总面积的63.1%（表4-42）。全县二级地力耕地的阳离子交换量总体较高，土壤的保蓄性能较好，缓冲能力强。

表4-42 嘉善县二级地力耕地土壤阳离子交换量分布情况

乡镇名称	阳离子交换量					面积（亩）	占全县二级比例（%）
	最小值（cmol/kg）	最大值（cmol/kg）	平均值（cmol/kg）	标准差	变异系数		
大云镇	18.45	22.44	19.79	0.98	0.05	13 289.7	4.9
丁栅镇	19.24	20.61	19.89	0.51	0.03	1 720.6	0.6
干窑镇	18.28	25.59	21.44	1.36	0.06	37 244.5	13.6
洪溪镇	20.81	20.81	20.81	0.81	0.04	51.5	0.0
惠民镇	16.96	24.01	19.71	1.17	0.06	30 822.8	11.3

（续表）

乡镇名称	阳离子交换量					面积（亩）	占全县二级比例（%）
	最小值（cmol/kg）	最大值（cmol/kg）	平均值（cmol/kg）	标准差	变异系数		
陶庄镇	20.83	20.83	20.83	—	—	327.7	0.1
魏塘镇	18.01	22.76	20.24	0.84	0.04	93 644.7	34.3
西塘镇	17.62	25.52	20.42	1.22	0.06	62 127.6	22.7
杨庙镇	19.13	20.26	19.66	0.39	0.02	2 462.0	0.9
姚庄镇	16.85	24.32	20.88	1.39	0.07	31 422.4	11.5

3. pH值

二级地力耕地所有评价单元的pH值为5.50～7.00，平均值为6.13，标准差0.25，变异系数0.04。二级地力耕地土壤pH值主要为5.5～6.5，共260 432.2亩，占二级耕地总面积的95.4%；另外pH值为6.5～7.5，共11 701.9亩，占总面积的4.3%；pH值为4.5～5.5的共979.4亩，占总面积的0.4%（表4-43）。

表4-43　嘉善县二级地力耕地土壤pH值分布情况

乡镇名称	土壤pH值					面积（亩）	占全县二级比例（%）
	最小值	最大值	平均值	标准差	变异系数		
大云镇	5.50	6.20	5.87	0.19	0.03	13 289.7	4.9
丁栅镇	5.90	6.30	6.13	0.11	0.02	1 720.6	0.6
干窑镇	5.80	6.70	6.17	0.15	0.03	37 244.5	13.6
洪溪镇	6.20	6.20	6.20	0.06	0.01	51.5	0.0
惠民镇	5.50	7.00	6.10	0.24	0.04	30 822.8	11.3
陶庄镇	6.00	6.00	6.00	—	—	327.7	0.1
魏塘镇	5.70	7.00	6.23	0.25	0.04	93 644.7	34.3
西塘镇	5.60	6.70	5.93	0.22	0.04	62 127.6	22.7
杨庙镇	5.90	6.00	5.97	0.05	0.01	2 462.0	0.9
姚庄镇	6.00	6.90	6.28	0.15	0.02	31 422.4	11.5

（三）养分状况

1.有机质

二级地力耕地各评价单元的耕层土壤有机质含量为22.54～50.50g/kg，平均为36.23g/kg，标准差为4.54，变异系数为0.13（表4-44）。二级耕地土壤有机质主要为30～40g/kg，共177 719.7亩，占二级耕地总面积的65.1%；有机质>40g/kg，共74 183.7亩，占总面积的27.2%；分布在20～30g/kg，共21 210.1亩，占总面积的7.8%。构成二级地力耕地各土种耕层土壤的有机质含量变化与第二次土壤普查结果相一致：①土壤质地与微地形地势有关，自南至北地势逐步变低，土壤有机质含量逐渐增加；②与土壤质地有关，土壤质地由轻至重，土壤有机质含量由低变高。

表4-44 嘉善县二级地力耕地土壤有机质分布情况

乡镇名称	土壤有机质					面积（亩）	占全县二级比例（%）
	最小值（g/kg）	最大值（g/kg）	平均值（g/kg）	标准差	变异系数		
大云镇	27.77	37.60	31.01	1.73	0.06	13 289.7	4.9
丁栅镇	32.63	36.86	35.31	1.16	0.03	1 720.6	0.6
干窑镇	34.61	50.22	40.75	2.86	0.07	37 244.5	13.6
洪溪镇	40.84	40.84	40.84	0.52	0.01	51.5	0.0
惠民镇	26.88	42.80	34.07	3.82	0.11	30 822.8	11.3
陶庄镇	41.05	41.05	41.05	—	—	327.7	0.1
魏塘镇	23.07	42.87	34.21	3.78	0.11	93 644.7	34.3
西塘镇	33.75	43.98	38.77	2.70	0.07	62 127.6	22.7
杨庙镇	41.49	45.75	42.60	1.44	0.03	2 462.0	0.9
姚庄镇	22.54	50.50	38.39	4.26	0.11	31 422.4	11.5

2. 全氮

二级地力耕地各评价单元的耕层土壤全氮含量为1.32～3.08g/kg，平均含量为2.12g/kg，标准差为0.24，变异系数为0.11（表4-45）。二级耕地土壤全氮主要分布在2.0～2.5g/kg的共176 497.1亩，占二级耕地总面积的64.7%；另外分布在1.5～2.0g/kg的共85 369.7亩，占总面积的31.3%；分布在2.5～3.0g/kg的共10 282.1亩，占总面积的3.8%；分布>3.0g/kg的共472.4亩，占总面积的0.2%。构成二级地力耕地土壤的全氮含量变化与第二次土壤普查结果相一致，地域分布趋势与有机质含量相似。

表4-45 嘉善县二级地力耕地土壤全氮分布情况

乡镇 名称	土壤全氮					面积 （亩）	占全县 二级比例 （%）
	最小值 （g/kg）	最大值 （g/kg）	平均值 （g/kg）	标准差	变异系数		
大云镇	1.62	2.25	1.84	0.12	0.06	13 289.7	4.9
丁栅镇	1.91	2.18	2.06	0.07	0.04	1 720.6	0.6
干窑镇	2.00	3.08	2.35	0.18	0.08	37 244.5	13.6
洪溪镇	2.27	2.27	2.27	0.04	0.02	51.5	0.0
惠民镇	1.59	2.56	2.09	0.21	0.10	30 822.8	11.3
陶庄镇	2.19	2.19	2.19	—	—	327.7	0.1
魏塘镇	1.43	2.47	2.01	0.19	0.09	93 644.7	34.3
西塘镇	1.84	2.50	2.13	0.14	0.06	62 127.6	22.7
杨庙镇	2.35	2.58	2.43	0.08	0.03	2 462.0	0.9
姚庄镇	1.32	3.05	2.28	0.26	0.11	31 422.4	11.5

3.有效磷

二级地力耕地各评价单元的耕层土壤有效磷含量为5.97～150.19mg/kg，平均含量为28.92mg/kg，标准差为18.62，变异系数0.64（表4-46）。二级耕地土壤有效磷主要为20～30mg/kg，共113 823.6亩，占二级耕地总面积的41.7%；另外分布>40mg/kg共47 167.3亩，占总面积的17.3%；分布在30～40mg/kg共39 765.1亩，占总面积的14.6%；分布在15～20mg/kg共40 264.3

亩，占总面积的14.7%，分布在10～15mg/kg共21 924.3亩，占总面积的8.0%。构成二级地力耕地的大部分耕层土壤有效磷平均含量高于第二次土壤普查果，丰缺程度属高低水平。但是各乡镇之间以及乡镇内的评价单元之间含量差异相对也较大，主要原因应该与实产实践有关，施肥用量不一。

表4-46　嘉善县二级地力耕地土壤有效磷分布情况

乡镇名称	土壤有效磷					面积（亩）	占全县二级比例（%）
	最小值（mg/kg）	最大值（mg/kg）	平均值（mg/kg）	标准差	变异系数		
大云镇	17.10	94.31	43.74	20.15	0.46	13 289.7	4.9
丁栅镇	19.08	27.40	21.82	2.42	0.11	1 720.6	0.6
干窑镇	5.97	52.43	19.11	7.41	0.39	37 244.5	13.6
洪溪镇	13.36	13.36	13.36	4.79	0.36	51.5	0.0
惠民镇	6.71	45.09	27.83	6.92	0.25	30 822.8	11.3
陶庄镇	13.61	13.61	13.61	—	—	327.7	0.1
魏塘镇	7.24	142.89	30.32	27.17	0.90	93 644.7	34.3
西塘镇	6.41	150.19	22.84	20.75	0.91	62 127.6	22.7
杨庙镇	11.33	21.90	18.23	3.61	0.20	2 462.0	0.9
姚庄镇	12.65	99.10	40.38	17.59	0.44	31 422.4	11.5

4. 速效钾

二级地力耕地各评价单元耕层土壤的速效钾为92.00～363.00mg/kg，平均含量为132.58mg/kg，标准差为32.85，变异系数0.25（表4-47）。二级耕地土壤速效钾主要为100～150mg/kg，共247 662.1亩，占二级耕地总面积的90.7%；另外含量>150mg/kg的共24 303.9亩，占总面积的8.9%；分布在80～100mg/kg的共1 147.4亩，占总面积的0.4%。二级耕地土壤速效钾的丰缺程度较高，但部分评价单元速效钾含量差异较大，这主要是由于少数蔬菜地土壤速效钾含量特别高导致的。

表4-47　嘉善县二级地力耕地土壤速效钾分布情况

乡镇 名称	土壤速效钾					面积 （亩）	占全县 二级比例 （%）
	最小值 （mg/kg）	最大值 （mg/kg）	平均值 （mg/kg）	标准差	变异系数		
大云镇	106.00	207.00	142.37	29.17	0.20	13 289.7	4.9
丁栅镇	110.00	128.00	117.00	8.18	0.07	1 720.6	0.6
干窑镇	106.00	169.00	127.64	10.80	0.08	37 244.5	13.6
洪溪镇	121.00	121.00	121.00	2.89	0.02	51.5	0.0
惠民镇	101.00	207.00	132.58	16.90	0.13	30 822.8	11.3
陶庄镇	136.00	136.00	136.00	—	—	327.7	0.1
魏塘镇	92.00	363.00	136.93	54.67	0.40	93 644.7	34.3
西塘镇	100.00	252.00	124.43	20.14	0.16	62 127.6	22.7
杨庙镇	127.00	152.00	133.14	8.49	0.06	2 462.0	0.9
姚庄镇	99.00	169.00	134.83	16.81	0.12	31 422.4	11.5

（四）生产性能及管理建议

该级地力耕地生产潜力综合生产能力较高，生产上以水旱轮作二熟为主。从调查结果看，土壤有机质、阳离子交换量、速效磷、速效钾含量指标值均较高，土壤保肥供肥能力较好，适耕性好，农田基本设施完好，因此，该级地力耕地仍有旱涝保丰收能力，也属于高产稳产耕地。对少部分土壤有机质偏低的情况，要增施有机肥，优化种植结构。由于微地形地势较低或耕作方式不当，造成障碍层次出现部位较高，影响作物生长发育的，要提倡干耕、免耕、冬季晒垡；做好田间开沟排水工作，减少渍害，改善土壤理化性状；提倡增施有机肥，优化施肥结构，推广平衡施肥技术等综合措施来提高耕地地力。

五、三级地力耕地

嘉善县三级地力耕地面积为172 501亩，占全县总耕地面积的37.7%。构成三级地力耕地的土种有白心青紫泥田、烂青紫泥田和泥炭心青紫泥田，主要分布于丁栅镇、陶庄镇、天凝镇和杨庙镇等。

（一）立地状况

地貌类型为水网平原，地势较低，成土母质为湖沼相沉积物，土壤质地为黏壤土、黏土。耕层厚度14～18cm（表4-48），剖面构型A-A$_P$-G$_W$-G、A-P-G，灌溉保证率为90%，排涝能力为一日暴雨三日排出，基础地力400～450kg/亩。嘉善县三级地力耕地的冬季地下水位相对较高，15～34cm（表4-49）。

表4-48　嘉善县三级地力耕地土壤耕层厚度分布情况

乡镇名称	耕层厚度					面积（亩）	占全县三级比例（%）
	最小值（cm）	最大值（cm）	平均值（cm）	标准差	变异系数		
丁栅镇	12.00	16.00	14.06	0.62	0.04	32 247.2	18.7
干窑镇	14.00	14.00	14.00	—	—	26.9	0.0
洪溪镇	13.00	15.00	14.42	0.60	0.04	27 315.3	15.8
陶庄镇	13.00	16.00	14.71	0.73	0.05	40 234.9	23.3
天凝镇	13.00	18.00	14.63	0.83	0.06	21 361.5	12.4
西塘镇	12.00	15.00	12.28	0.69	0.06	22 308.0	12.9
杨庙镇	13.00	15.00	14.17	0.50	0.04	29 006.7	16.8

表4-49　嘉善县三级地力耕地地下水位分布情况

乡镇名称	冬季地下水位					面积（亩）	占全县三级比例（%）
	最小值（cm）	最大值（cm）	平均值（cm）	标准差	变异系数		
丁栅镇	15.00	32.00	20.54	3.75	0.18	32 247.2	18.7
干窑镇	21.00	21.00	21.00	—	—	26.9	0.0
洪溪镇	16.00	23.00	18.01	1.35	0.08	27 315.3	15.8
陶庄镇	16.00	27.00	18.79	2.81	0.15	40 234.9	23.3
天凝镇	16.00	19.00	17.39	0.66	0.04	21 361.5	12.4
西塘镇	15.00	19.00	17.09	0.62	0.04	22 308.0	12.9
杨庙镇	16.00	34.00	21.43	5.49	0.26	29 006.7	16.8

（二）理化性状

1. 容重

三级耕地的耕层容重为0.95～1.19g/cm³，平均值为1.04g/cm³，标准差0.06，变异系数0.06。三级耕地的耕层土壤容重为0.9～1.1g/cm³，面积116 282.3亩，占三级耕地总面积的67.4%；容重为1.1～1.13g/cm³，面积56 218.2亩，占总面积的32.6%（表4-50）。

表4-50　嘉善县三级地力耕地土壤容重分布情况

乡镇名称	容重					面积（亩）	占全县三级比例（%）
	最小值（g/cm³）	最大值（g/cm³）	平均值（g/cm³）	标准差	变异系数		
丁栅镇	0.95	1.06	0.98	0.02	0.02	32 247.2	18.7
干窑镇	1.14	1.14	1.14	—	—	26.9	0.0
洪溪镇	1.01	1.18	1.12	0.03	0.03	27 315.3	15.8
陶庄镇	0.95	1.11	1.03	0.04	0.04	40 234.9	23.3
天凝镇	1.02	1.14	1.06	0.03	0.03	21 361.5	12.4
西塘镇	0.95	1.14	1.04	0.05	0.05	22 308.0	12.9
杨庙镇	1.07	1.19	1.14	0.02	0.02	29 006.7	16.8

2. 阳离子交换量

三级地力耕地评价单元的阳离子交换量为16.59～25.73cmol/kg，平均为20.46cmol/kg，标准差为1.48，变异系数为0.07。三级地力耕地土壤阳离子交换量为15～20cmol/kg，共55 831.5亩，占三级耕地总面积的32.4%，大于20cmol/kg共116 669.1亩，占三级耕地总面积的67.6%（表4-51）。全县三级地力耕地的阳离子交换量总体较高，土壤的保蓄性能较好，缓冲能力强。

表4-51 嘉善县三级地力耕地土壤阳离子交换量分布情况

乡镇名称	阳离子交换量					面积（亩）	占全县三级比例（％）
	最小值（cmol/kg）	最大值（cmol/kg）	平均值（cmol/kg）	标准差	变异系数		
丁栅镇	16.87	22.64	19.97	1.11	0.06	32 247.2	18.7
干窑镇	22.01	22.01	22.01	—	—	26.9	0.0
洪溪镇	18.73	25.31	21.20	1.46	0.07	27 315.3	15.8
陶庄镇	17.10	22.77	19.92	1.29	0.06	40 234.9	23.3
天凝镇	18.55	25.73	22.64	1.80	0.08	21 361.5	12.4
西塘镇	16.59	23.81	20.21	1.32	0.07	22 308.0	12.9
杨庙镇	18.85	22.34	20.63	0.81	0.04	29 006.7	16.8

3. pH值

三级地力耕地所有评价单元的pH值为5.20～6.70，平均值为5.93，标准差0.25，变异系数0.04。三级地力耕地土壤pH值主要为5.5～6.5，共165 339.5亩，占三级耕地总面积的95.8%；另外pH值为6.5～7.5，共640.5亩，占总面积的0.4%；分布为4.5～5.5，共6 520.7亩，占总面积的3.8%（表4-52），属微酸性土壤。

表4-52 嘉善县三级地力耕地土壤pH值分布情况

乡镇名称	土壤pH值					面积（亩）	占全县三级比例（％）
	最小值	最大值	平均值	标准差	变异系数		
丁栅镇	5.40	6.50	5.80	0.20	0.03	32 247.2	18.7
干窑镇	6.20	6.20	6.20	—	—	26.9	0.0
洪溪镇	5.60	6.30	6.05	0.15	0.02	27 315.3	15.8
陶庄镇	5.60	6.60	6.01	0.22	0.04	40 234.9	23.3
天凝镇	5.70	6.50	6.07	0.17	0.03	21 361.5	12.4
西塘镇	5.20	6.40	5.76	0.28	0.05	22 308.0	12.9

（续表）

乡镇名称	土壤pH值					面积（亩）	占全县三级比例（%）
	最小值	最大值	平均值	标准差	变异系数		
杨庙镇	5.70	6.70	6.10	0.17	0.03	29 006.7	16.8

（三）养分状况

1. 有机质

三级地力耕地各评价单元的耕层土壤有机质含量为28.78～53.29g/kg，平均为37.82g/kg，标准差3.94，变异系数为0.10（表4-53）。三级耕地土壤有机质主要为30～40g/kg，共108 201.6亩，占三级耕地总面积的62.7%；有机质>40g/kg，共64 078.2亩，占总面积的37.1%；分布在20～30g/kg，共220.7亩，占总面积的0.1%。三级耕地土壤有机质较高，但由于土壤滞水性强，影响有机质矿化。

表4-53 嘉善县三级地力耕地土壤有机质分布情况

乡镇名称	土壤有机质					面积（亩）	占全县三级比例（%）
	最小值（g/kg）	最大值（g/kg）	平均值（g/kg）	标准差	变异系数		
丁栅镇	28.89	46.80	34.50	2.56	0.07	32 247.2	18.7
干窑镇	37.86	37.86	37.86	——	——	26.9	0.0
洪溪镇	31.49	43.89	39.33	2.12	0.05	27 315.3	15.8
陶庄镇	32.52	44.98	37.50	2.09	0.06	40 234.9	23.3
天凝镇	36.14	50.78	41.36	2.86	0.07	21 361.5	12.4
西塘镇	28.78	43.66	38.01	2.48	0.07	22 308.0	12.9
杨庙镇	34.61	53.29	44.41	4.14	0.09	29 006.7	16.8

2. 全氮

三级地力耕地各评价单元的耕层土壤全氮含量为1.61～3.19g/kg，平均含量为2.12g/kg，标准差为0.21，变异系数为0.10（表4-54）。三级耕地土壤全氮主要为2.0～2.5g/kg，共107 542.3亩，占三级耕地总面积的62.3%；另外为1.5～2.0g/kg的共41 602.4亩，占总面积的24.1%；分布为2.5～3.0g/kg的共22 839.3亩，占总面积的13.2%；分布>3.0g/kg的共516.5亩，占总面积的0.3%。构成三级地力耕地各耕层土壤的全氮含量变化与第二次土壤普查结果相一致，地域分布趋势与有机质含量相似。

表4-54 嘉善县三级地力耕地土壤全氮分布情况

乡镇名称	土壤全氮					面积（亩）	占全县三级比例（%）
	最小值（g/kg）	最大值（g/kg）	平均值（g/kg）	标准差	变异系数		
丁栅镇	1.66	2.44	2.00	0.12	0.06	32 247.2	18.7
干窑镇	2.15	2.15	2.15	—	—	26.9	0.0
洪溪镇	1.66	2.48	2.15	0.14	0.07	27 315.3	15.8
陶庄镇	1.76	2.41	2.06	0.12	0.06	40 234.9	23.3
天凝镇	1.95	2.78	2.21	0.14	0.06	21 361.5	12.4
西塘镇	1.61	2.35	2.09	0.13	0.06	22 308.0	12.9
杨庙镇	2.17	3.19	2.61	0.22	0.08	29 006.7	16.8

3. 有效磷

三级地力耕地各评价单元的耕层土壤有效磷含量为2.12～173.35mg/kg，平均含量为20.13mg/kg，标准差为15.10，变异系数0.75（表4-55）。三级耕地土壤有效磷主要为10～15mg/kg，共49 706.3亩，占三级耕地总面积的28.8%；另外分布>40mg/kg共12 830.1亩，占总面积的7.4%；分布在30～40mg/kg共12 027.6亩，占总面积的7.0%；分布在20～30mg/kg共27 751.2亩，占总面积的16.1%；分布在15～20mg/kg共26 684.9亩，占总面积的15.5%；分布在5～10mg/kg共40 830.1亩，占总面积的23.7%；分布在≤5mg/kg共2 670.5亩，占总面积的1.5%，构成三级地力耕地的耕层土壤有效磷平均含量与二级相比较低，丰缺程度属中等。各乡镇之间以及乡镇内的评价单元之间的含量差异相对也较大，主要原因应该与实产实践有关，施肥用量不一。一大部分田块种植模式为单季晚稻，磷肥施用量少导致土壤有效磷含量降低。

表4-55 嘉善县三级地力耕地土壤有效磷分布情况

乡镇名称	土壤有效磷					面积（亩）	占全县三级比例（%）
	最小值（mg/kg）	最大值（mg/kg）	平均值（mg/kg）	标准差	变异系数		
丁栅镇	8.56	173.35	28.12	17.97	0.64	32 247.2	18.7
干窑镇	11.70	11.70	11.70	—	—	26.9	0.0
洪溪镇	8.73	30.51	14.41	5.31	0.37	27 315.3	15.8
陶庄镇	2.12	27.57	9.91	4.45	0.45	40 234.9	23.3
天凝镇	7.84	28.56	13.24	3.94	0.30	21 361.5	12.4
西塘镇	7.91	60.92	25.17	12.78	0.51	22 308.0	12.9
杨庙镇	7.81	80.45	27.40	15.48	0.57	29 006.7	16.8

4.速效钾

三级地力耕地各评价单元耕层土壤的速效钾为59～249mg/kg，平均含量为121.47mg/kg，标准差为18.96，变异系数0.16（表4-56）。三级耕地土壤速效钾主要为100～150mg/kg，共148 322.5亩，占三级耕地总面积的86.0%；另外含量>150mg/kg的共13 218.9亩，占总面积的7.7%；分布在80～100mg/kg的共10 475.6亩，占总面积的6.1%；分布在50～80mg/kg的共483.5亩，占总面积的0.3%。三级耕地土壤速效钾的丰缺程度较高，但部分评价单元速效钾含量差异较大，这主要是由于少数蔬菜地土壤速效钾含量特别高导致的。

表4-56 嘉善县三级地力耕地土壤速效钾分布情况

乡镇名称	土壤速效钾					面积（亩）	占全县三级比例（%）
	最小值（mg/kg）	最大值（mg/kg）	平均值（mg/kg）	标准差	变异系数		
丁栅镇	59.00	249.00	119.71	23.71	0.20	32 247.2	18.7
干窑镇	123.00	123.00	123.00	—	—	26.9	0.0

（续表）

乡镇 名称	土壤速效钾					面积 （亩）	占全县 三级比例 （%）
	最小值 （mg/kg）	最大值 （mg/kg）	平均值 （mg/kg）	标准差	变异系数		
洪溪镇	99.00	162.00	118.49	10.05	0.08	27 315.3	15.8
陶庄镇	66.00	211.00	118.79	20.86	0.18	40 234.9	23.3
天凝镇	95.00	155.00	120.82	12.46	0.10	21 361.5	12.4
西塘镇	101.00	174.00	124.70	10.97	0.09	22 308.0	12.9
杨庙镇	112.00	168.00	135.64	11.75	0.09	29 006.7	16.8

（四）生产性能及管理建议

该级耕地土壤有机质、速效钾、有效磷含量较高，保蓄性能好。这类土壤分布于嘉善县北部丁栅、陶庄等镇，地势低洼，地下水位高；质地偏粘重，土体排水性能较差；土壤通透性差，土温低；有机质易积累，释放慢。在生产上要注意开沟排水，实行水旱轮作，降低地下水位，减少土壤渍水时间，消除渍害，强化土壤耕作，大力提倡增施有机肥，优化用肥结构，推广测土配方施肥技术等先进实用技术提高三级耕地地力水平，不断提高该级耕地粮食综合生产能力，达到稳产高产。

第五章 耕地质量综合评价与对策建议

第一节 耕地质量综合评价与提升的对策建议

通过这次调查发现，嘉善县的耕地现状、肥力水平以及农业生产利用方式，与1984年结束的第二次土壤普查相比较，已发生了很大的变化。近些年来，全县的耕地数量呈逐年下降之势，由1984年的52.77万亩，下降至2008年年末的45.52万亩，减少7.25万亩，降幅为13.74%。土地肥力水平随着农业生产的发展也在发生深刻的变化，许多农田由于长期培肥和大量施用化肥，土壤营养元素丰缺扩大，特别是一些设施栽培老区，由于多年连作带来的土壤酸化，富集化，盐渍化、缺素症等已成为新的障碍因子。在土壤利用方式上也由二十世纪七八十年代单一的麦—稻—稻，油—稻—稻、肥—稻—稻等传统的三熟制演变成大小麦—单季稻，大棚蔬菜（瓜果）—稻，大棚菜—菜（瓜），菜—菜—稻等多茬复种多元的耕作制度。全县各镇、村随着农田基本设施的改善，效益农业的发展，已形成了果蔬、花卉苗木、稻田养殖、稻鸭共育、黑麦草养鹅等种养结合型的种植模式。

因此，嘉善县的耕地地力建设与土壤改良利用应根据各地的土壤类型、肥力水平、限制因素和当地实际为依据，科学合理地提出不同土区的改良利用措施，以全面指导农业生产，促进农业可持续发展。

一、土壤主要养分丰缺及pH值状况

土壤含有的有机质、氮、磷、钾元素及其他一些营养元素，是作物营养的

主要来源，土壤养分丰富，水、气、热协调，就可为作物提供良好的生活环境和充足的营养元素，提高作物产量。

（一）有机质丰缺状况

根据全县耕地地力评价土壤样本的分析测定，有机质平均含量为35.30g/kg，对照《标准农田地力调查指标体系》的有机质评价一项中生产能力分值为0.9，处于中等偏上水平，表明目前嘉善县多数耕地土壤有机质含量比较丰富。各土种耕层土壤有机质含量差异较小，其中青紫头小粉田土壤有机质含量最高，平均为41.34g/kg；泥汀黄斑田土壤有机质含量最低，平均为28.14g/kg（表5-1）。

表5-1　嘉善县各土种土壤养分平均含量统计

土种	有机质（g/kg）	全氮（g/kg）	有效磷（mg/kg）	速效钾（mg/kg）	pH值
白心青紫泥田	39.90	2.21	22.58	126.65	6.16
潮泥土	35.58	2.08	29.70	129.30	6.07
粉心青紫泥田	39.79	2.25	23.39	132.80	6.12
黄斑青紫泥田	35.66	2.03	24.44	118.56	5.84
黄斑田	36.38	2.12	26.98	133.06	6.15
黄心青紫泥田	35.76	2.10	29.79	134.63	6.07
烂青紫泥田	37.29	2.03	20.48	117.25	5.75
泥炭心青紫泥田	37.81	1.99	9.65	134.67	6.13
泥汀黄斑田	28.14	1.73	88.59	194.00	5.70
青塥黄斑田	37.32	2.16	26.36	134.86	6.10
青紫泥田	37.01	2.13	26.58	131.08	6.08
青紫头小粉田	41.34	2.31	17.62	126.61	6.05
壤质堆叠土	38.02	2.18	22.20	127.81	6.23

（二）全氮丰缺状况

根据全县耕地地力评价土壤样本的分析测定，全氮平均含量为2.07g/kg，处于高等偏下水平，表明目前嘉善县多数耕地土壤全氮含量较高。各土种耕层土壤全氮含量差异较小，其中青紫头小粉田土壤全氮含量最高，平均为2.31g/kg；泥汀黄斑田土壤全氮含量最低，平均为1.73g/kg（表5-1）。

（三）有效磷丰缺状况

根据全县耕地地力评价土壤样本的分析测定，有效磷平均含量为29.49g/kg，对照《标准农田地力调查指标体系》的有效磷评价一项中生产能力分值为0.9，处于高等偏下水平，结合各种作物对磷肥的实际需求和地区分布特点，表明目前嘉善县耕地土壤有效磷含量不均。各土种耕层土壤有效磷含量差异大，其中微酸性泥汀黄斑田土壤有效磷含量最高，平均为88.59mg/kg；泥炭心青紫泥田土壤有效磷含量最低，平均为9.65mg/kg（表5-1）。

（四）速效钾丰缺状况

根据全县耕地地力评价土壤样本的分析测定，速效钾平均含量为132.53mg/kg（表5-1），对照《标准农田地力调查指标体系》的速效钾评价一项中生产能力分值为0.9，处于中等偏上水平，表明目前嘉善县多数耕地土壤速效钾含量较高。各土种耕层土壤速效钾含量差异较大，其中微酸性泥汀黄斑田土壤速效钾含量最高，平均为194.00mg/kg；烂青紫泥田土壤速效钾含量最低，平均为117.25g/kg（表5-1）。

（五）pH值状况

根据全县耕地地力评价土壤样本的分析测定，pH最低的为5.10，平均值为6.05，对照《标准农田地力调查指标体系》的pH值评价一项中生产能力分值为0.8，属于微酸性土壤，各土种耕层土壤pH值有一定差异，其中壤质堆叠土土壤pH值最高，平均为6.23；泥汀黄斑田土壤pH值最低，平均为5.70。

二、耕地质量提升的对策建议

（一）继续加强水利与基本农田建设，提高农田综合生产能力

水利工程建设是耕地地力建设的基本保障，要立足于防大汛、防长汛。全面加强标准圩区建设，完善农田水利设施，建设防汛决策指挥系统，水情自动测报系统及防汛地理信息系统，逐步推进"数字防汛工程"，提高嘉善县耕

地抗灾减灾能力。与此同时，加强基本农田建设是耕地地力建设的基础，它包括土地平整、排灌基础设施、农田道路、农田林带林网等方面的建设。目前应对嘉善县的基本农田建设进行分类实施，对已建成的标准农田，继续完善沟、渠、路的配套，完善灌溉系统，配套机械设备，切实抓好地力改善；对正在建设的标准农田，要同步兼顾土地平整质量，实行地力分等分类管护；对现代农业园区，要根据产业发展要求提高建设标准，大力发展大棚设施、滴灌喷灌设施，切实改善农业生产条件。

（二）继续实施"沃土工程"，坚持用地与养地结合

坚持用地与养地相结合是维持和提高地力水平的基本准则。政府通过宏观调控和指导，鼓励广辟有机肥源，多施有机肥，加强新型有机肥应用的研究与开发。综合利用畜禽粪便，形成生物有机肥资源化利用，工厂化生产，商品化使用的局面。进一步扩大农作物秸秆还田面积，在休闲季节多种种好绿肥与豆科作物，积极探索无公害农产品生产的施肥技术措施。

（三）控制化肥农药的投入量，切实保护农田生态环境

加强农田生态环境的保护，最重要的是进一步控制化肥农药等的投入使用量。嘉善县的氮、磷单质化肥使用量应控制在每年平均下降3%以上，农药使用量应控制在每年减少5%以上。大力推广使用商品有机肥料和高效、低毒、低残留的农药，在瓜果，蔬菜，等优势农产品上推广使用微生物专用肥、商品有机肥，着力提高化肥利用率，培育健康、清洁的土壤，坚持走土壤可持续循环利用之路。

（四）合理调整农业生产结构，大力发挥产业优势

科学合理地调整农业产业结构，实行自然和人工养地相结合，培肥地力，提高耕地综合生产能力，充分利用嘉善县土壤宜种性广和农民精耕细作的优势，朝着餐桌经济、外向型农业、生态旅游休闲农业的方向加快发展，依托大上海，进一步优化农业生产结构。

三、土壤改良利用的对策与建议

为便于对不同区域提出针对性的改良利用措施，根据嘉善县的地形地貌、

土壤类型、肥力水平、生产限制因素，农业利用方式的相对一致性，同时兼顾行政区界的基本完整性，将全县土壤改良利用划分为3个区，对各区的改良利用提出如下对策和建议。

（一）南部碟缘高圩区的改良利用

本区位于嘉善县境南部，主要包括魏塘、大云、惠民3个镇，约占全县耕地面积的32.7%，均属于一等田，嘉善县一级田块都处在这个区域。土种以黄斑田，青紫泥田为主，在地势较高的围头田，有青紫头小粉田分布。沿河两岸零星分布着堆叠土。

农业利用方式主要是以设施栽培菜瓜，林果花卉为主。本区的土壤主要问题：长期来是大灌区，高渠道、排渠较少，易造成土壤的上层滞水，次生潜育渍害较为严重。土壤有机质，速效钾含量中等偏下。在设施栽培老区出现一定程度酸化、盐渍化。针对本区土壤存在的问题，提出改良利用措施。

1. 千方百计增施有机肥料，培肥改良

重点推行人畜粪便制有机肥还田，适当扩大绿肥与豆科作物面积，提倡秸秆、豆秆还田，大力发展高效生态农业。通过多途径努力，确保每季作物有机肥使用量达到500kg/亩以上，新建标准农田还要提高有机肥使用量。

2. 推广测土配方施肥技术，优化施肥结构

大力推广测土配方施肥和平衡施肥技术，合理配施碱性肥（钙镁磷肥）、钾肥和增施硼、钼等微量元素肥料。

3. 推广水旱轮作

冬前干耕晒垡，改善土壤物理性状，进一步降低酸化与消除土壤障碍因子的影响。

（二）中部青紫泥田，黄斑田土区的改良利用

本区分布范围广，面积大，包括姚庄镇、干窑镇、以及杨庙、洪溪、陶庄、西塘等镇的大部分行政村，以一等二级田为主，部分二等三级田。该地区土壤肥力和生产水平较高，是嘉善县粮油、食用菌、黄桃、畜禽、淡水养殖的综合生产区。土壤以青紫泥田、黄斑田土属为主。存在的主要问题是：地势较南区偏低，土质较黏，土体排水困难，养分分解慢，土壤通透性差，难耕难

耙；干窑镇、西塘镇的下甸庙片由于长期挑土制坯改变了微地形地貌，刮去一层肥沃的表土，造成田脚变瘦，红旗塘两岸土体淋溶漂洗作用较强，土壤有机质、磷钾含量较低。针对该区土壤中存在的问题，提出改良措施。

1. 着力完善水利设施建设

加强田间"三沟"配套，降低地下水位，根治水害，加快内排水能力，创造水、气协调的环境条件。

2. 增施有机肥，平衡磷钾肥

青紫泥田土质黏重，结构不良，应大力推广增施有机肥料和开展多种形式的秸秆还田技术，适当控制氮肥施用量，增施磷、钾肥，多种绿肥，实现平衡配套施肥，提高施肥效益。特别是以前用于取土制坯的田块应增加每年有机肥的投入，提倡提倡冬前翻耕晒垡，改良土壤结构。

3. 利用冬闲田农牧结合

推广冬春季种草养鹅养鸭，既扩大农田复种指数，牧草肥田，又实现种养结合，增加经济效益。

（三）北部青紫泥田土区的改良利用

本区位于县域北部，包括天凝镇，丁栅镇以及陶庄的西北片村庄，主要是二等三级田。土壤以青紫泥田、烂青紫泥田等为主。本区土壤的主要问题有：①属于嘉善县的低洼地区，极易受洪涝渍害的影响，西北片土壤因排水不良，沉积土粒较细，通透性差，内部积水，呈还原态。②北片呈岛状微地形地貌，易受流水冲刷，土壤流失严重，极易缺磷少钾。针对该区土壤中存在的问题，提出改良措施。

1. 固圩防洪，消除渍害

加大对圩区建设投入力度，建成五十年一遇的标准圩堤，建立灌排降配套的田间工程，根除水害。

2. 控氮增钾增有机肥

采取逐步深耕配施有机肥，改善其淀浆板结的不良性状，适度控制氮肥用量，增加磷钾肥。在滞水土壤增施磷钾肥有明显的增产效果。

3. 搞好围垦荡田的建设

合理利用低洼地种植茭白、菱角、莲藕等水生植物；充分利用水面，大力发展水产养殖。

第二节　耕地资源合理配置与种植业结构调整对策建议

耕地资源是土地资源中的一个重要组成部分，它的开发利用既受自然环境条件的制约，也受经济社会发展水平，农业生产技术水平的影响，合理配置耕地资源是一个难度较大而且比较复杂的问题，是一个地区一定时期农业生产发展水平的反映。根据嘉善县耕地资源的特点，考虑到自然条件的类似性，农业发展方向的一致性，以及保持行政区域的完整性，和科学合理配置资源和调整农业产业结构。现就嘉善县根据不同种植业区域化配置，提出以下对策和建议。

一、18万亩粮食生产功能区建设

为了认真贯彻落实粮食安全行政首长负责制，切实增强粮食综合生产能力，推进粮食生产机械化、现代化进程，促进经济社会发展，根据国务院办公厅《关于印发全国新增1 000亿斤粮食生产能力规划（2009—2020年）的通知》，《浙江省人民政府办公厅关于加强粮食生产功能区建设与保护意见》（浙政办发〔2010〕7号）和中共嘉兴市委、嘉兴市人民政府《关于实施"五个一百"示范工程，加快推进全市现代农业发展的意见》（嘉委〔2010〕13号）等文件要求，保护和利用好有限的耕地资源，充分发挥区域优势，稳定粮食生产、提高种粮效益，特制定《嘉善县粮食生产功能区建设规划（2010—2018年）》。使粮食生产相对集中到生产条件最优越、产业分布最合理的地区，最大程度利用好土壤、水源、交通、能源和劳力等资源，并依靠现代科学技术，降低生产成本，巩固防御自然灾害的能力，达到稳产、高产、优质、安全和可持续发展的目的。稳步推进粮食生产功能区建设有利于全县农业结构再调整和战略性资源再分配，形成区域化布局、标准化生产、产业化开发的粮食产业格局，全面提升本县粮食综合生产能力。

通过规划保证种粮的面积和质量，有利于达到稳定粮食市场供给，确保粮食安全；有利于加强农田基础建设，增加农业投入，建立长效管理机制；有利于提高耕地的抗灾能力和应对特大自然灾害能力；有利于推进粮食开展"五统一"服务（统一品种，统一施肥，统一植保，统一灌溉，统一机收），推进集约经营，降低成本，提高效益；有利于推进农业科技进步，提高粮食单产，增加农民收入，促进粮食生产可持续发展。粮食生产功能区建设是实现稳定粮食生产，保障粮食安全的战略选择。

嘉善县2010—2018年粮食生产功能区建设选择在已建的标准农田覆盖区内，涉及大云、西塘、干窑、姚庄、陶庄、天凝6个镇和魏塘、惠民、罗星3个街道办事处，104个行政村，从2010年起，嘉善县争取用5~10年时间，到2014年全县建成10.21万亩粮食生产功能区，其中17个连片千亩以上粮食生产功能示范区；到2018年最终建成18.19万亩的粮食生产功能区，力争到2020年粮食增产达到0.095亿kg。将粮食生产功能区真正建设成为旱涝保收的稳产区、解决抛荒的带动区、先进科技的应用区、统一服务的先行区、高产高效的示范区，为争取实现粮食生产功能区覆盖全县所有种粮土地夯实基础。

在资金上，积极争取省、市、县各级粮食生产功能区补助资金，用于粮食生产功能区的基础设施、农田质量提升、三新技术推广和粮食生产社会化服务建设。按照"政府主导、分镇实现，地方为主、向上争取"相结合的方式和"目标统一、渠道不变、有效整合、管理有序"的要求，粮食生产功能区建设应设立专项建设资金，切实加大对粮食生产功能区建设的投入力度，建立多元化的投资体系，引导工商资本，生产经营主体资金投入粮食生产功能区建设，确保建设任务如期完成。同时引导农田水利、中央新增5 002亿kg粮食生产能力建设、国家良种、农机购置补贴、省级"三新"技术配套推广、农业综合开发、标准农田地力提升等项目在粮食生产功能区实施，形成多渠道、多元化的资金投入机制。粮食生产功能区内农户优先享受良种、农机补贴等扶持政策。

目前嘉善县已建成4个省级千亩粮食生产功能区，3个市级粮食生产示范区。通过粮食生产功能区建设，粮食生产功能区内沟、渠、路水利基础设施相互配套，粮食综合生产能力将得到显著提高，机械化程度得到明显改善。通过农田质量提升工程实现农村经济和生态环境良性循环发展。

二、西塘—姚庄现代农业综合区

涉及姚庄镇的北港村、丁栅村、沉香村、金星村、中联村、北鹤村、横港村、俞汇村、银水庙村、渔民村和界泾港村等11个村以及西塘镇的钟葫村、荻沼村、茜墩村和鸦鹊村等4个村，共15个行政村，占地5.69万亩。规划基准年为2009年，规划期为2010—2012年。

规划以高效、生态、集约、生态为目标，以富民强农为基本宗旨，以建设现代精品农业为抓手，依靠科技进步，紧紧围绕优质粮油、特色蔬菜、精品水果、特种水产、食用菌、休闲观光等主导特色产业，按照"一村一业、一村一品、一村一景"的建设要求，进一步打响嘉善品牌农业名片，积极拓展农业的生产、生态、文化和社会功能，不断提升综合区现代农业发展水平和综合竞争力。整个综合区划分为粮经轮作示范区、设施蔬菜瓜果示范区、水产示范区3个主导产业示范区和黄桃精品园、番茄精品园、百果岛生态农业精品园、食用菌精品园和水产精品园5个特色农业精品园。

预计建成后综合区年均总收入约65 910万元，扣除物化成本，年均净效益约26 350万元。通过园区的示范带动，构筑形成基础设施完善、功能布局合理、产品结构优化、科技应用先进、经济效益显著、示范和辐射带动作用明显的集生产示范、科技推广、休闲观光为一体、国内先进、具有浙北平原特色的、有较强市场竞争力的省级现代农业综合区。

三、南部现代农业综合区

涉及大云镇缪家、曹家、东云、江家村，惠民街道新润、大泖、大通、惠通村，共8个行政村，规划面积53 200亩，其中农用地面积46 061亩。规划基准年为2009年，规划期为2011—2013年。

规划以市场为导向、科技为动力、效益为中心，发展现代精品农业为目标，大力发展蔬菜瓜果、花卉、水果（蜜梨）、生猪等主导产业和特色产品，着力培育块状农业经济区，积极拓展农业的生产、生态、文化和社会功能，展示综合区建设的综合效应。整个综合区划分为蔬菜主导产业示范区、花卉主导产业示范区、水果（蜜梨）主导产业示范区、碧云花园精品园、畜牧精品园、有机肥加工厂。

项目实施后，预计综合区年均总收入约59 600万元，扣除物化成本，年均净效益约23 230万元；与建设前相比，综合区土地亩均产出率从8 315元提高到12 939元，年新增产值21 300万元，新增农业生产能力7 065万kg，新增设施农业生产能力2 000万kg。通过园区建设将有力地促进农业结构优化，提高农业生产能力，提升农业组织化水平，有效促进社会就业和农民增收，农业生产实现资源化、无害化、综合利用，促进农业的可持续发展。

第三节　作物平衡施肥与无公害农产品基地建设对策建议

一、全县耕地土壤养分与农民施肥状况

（一）耕地土壤养分状况

根据全县749个耕地地力评价土壤样本的分析测定，有机质含量为35.30g/kg，全氮含量2.07g/kg，有效磷29.49mg/kg，速效钾132.53mg/kg。与1984年第二次土壤普查测定数据比较，土壤有机质、全氮、有效磷、速效钾分别增加了0.86%、0.49%、288.03%、33.87%。综合分析，嘉善县土壤养分状况是：总体上有机质、全氮含量较丰富，钾素中等偏上，磷素中等，土壤出现一定程度的酸化。在不同农业种植方式上，水田土壤的有机质，氮素较丰富，钾素微丰，磷素偏低；蔬菜地土壤有机质含量偏低，氮素较多，磷、钾中等，土壤出现酸化；园地土壤有机质较缺乏，全氮不足，磷钾素微丰。

（二）农民施肥状况和存在的问题

农民施用肥料主要为两大类：一是有机肥，包括绿肥、牲畜栏肥、人粪尿、草木灰和焦泥灰等农家肥；二是化肥，主要有尿素、过磷酸钙、钙镁磷肥、氯化钾、硫酸钾及复合肥等。调查嘉善县肥料发展历史，可将农民施肥发展状况概括为：新中国成立后，经常开展群众性的积土杂肥运动，积极发展以养猪生产为重点的畜牧业，以求"猪多、肥多、粮多"。20世纪50年代种植单季晚稻，重点推广陈永康的"两头重，中间轻"，"青—黄—青"的施肥经验。60年代后，化肥使用量不断增加，施肥技术相应有了新的发展。80年代，肥料结构有了新的变化，有机肥逐步减少，化肥施用量急速增加，出现了多氮、缺磷、少钾现象。从1987年开始，采取"控氮、增磷、补钾"措施，提高水稻成穗率、结实率和千粒重。进入21世纪之后，由于长期施用化肥，缺少有

机肥投入，农产品品质出现下降，耕地地力也出现不同程度下降。

1. 施肥结构不合理，单质肥料施用量过大

目前，由于嘉善县许多农户对作物需肥规律了解不多，往往为丰产二盲目施用大量单质肥料如尿素，过磷酸钙，既造成浪费，又引起土壤肥害和障碍。同时土壤某一元素的过量，会造成其他营养元素缺乏，失去施肥的平衡性，由于氮肥用量高，致使土壤和农产品中硝酸盐大量积累，严重影响品质及人体健康。

2. 忽视有机肥的使用

由于有机肥的使用费时费力费工，不少农田已多年不施用有机肥，稻草秸秆还田用量也较少。

3. 施肥不合理，土壤障碍多

在嘉善县设施栽培老区，由于土壤连作多年，土壤酸化，盐渍化，缺素症已开始显现，有待于加强防范与矫治。

4. 新建标准农田施肥力度有待加强

新建标准农田平整后的土壤耕作层，基本上是原来旱地土壤的心土层，有机质14g/kg左右，有些甚至更低，氮磷钾及多种营养元素较缺乏。土壤紧实，通透性差，容重达1.35。若培肥未能跟上，就可成为新的低产田。而目前农村有机肥使用量不大，不能满足加土田需要大量有机肥的现状，不利于迅速培肥。农民按一般农田的习惯施肥，很少施用磷钾肥，或用量少，将严重影响产量。

二、无公害农业开展情况

食品安全是全民之愿望，亦是农业生产的基本目标之一。近几年来，嘉善县已十分重视农产品生产的安全。首先从减少农药与化肥的用量着手，控制农产品与环境污染；其次选择安全农药与安全使用期，重点是抓好有机农业、绿色食品生产与无公害农业相结合，生产安全农产品；第三是开展基地监测，把好产品"准出关"，以确保无公害生产基地创建工作的顺利开展，促进农民增产增收目标的实现。目前本县已建省级无公害农产品生产基地60个，面积7 886.32hm²；农产品通过部级无公害农产品认证70个。

三、对策与建议

在农业农村部、浙江省土肥技术部门的指导下，全面推广应用测土配方施肥技术，做到因缺补缺，同时推广应用了微生物肥料，商品有机肥、作物专用肥以及水稻专用配方肥等，对促进生态高效农业发展起到了较好的效果。

（一）调整施肥结构，控制单质化肥投入量

在生产管理上，按平衡施肥技确定用肥量和施肥技术，调整施肥结构，控制单质化肥的用量，尤其是氮化肥，多施用复合肥与微量元素肥料。按照无公害生产的要求：粮食作物不得在收获前15d；蔬菜瓜果类不得在收获前8d；果树类作物不得在收获前20d追施氮肥及其他叶面肥，防止农产品中硝酸盐及重金属含量超标。

（二）科学合理地施用有机肥

人畜粪尿、绿肥、秸秆等新鲜有机肥，施用前应经过腐熟处理，以免产生有毒有害物质，影响作物生长。畜禽养殖场的粪便、农作物秸秆应经工厂化加工处理，制造成优质商品有机肥，用于无公害农产品生产，改善土壤理化性状，培肥地力，降低污染，提高农产品品质。

（三）大力推广测土配方施肥技术，提高肥料利用率

长期不合理施肥，将导致土壤和作物中硝酸盐含量增加，从而影响农产品的优质、安全和竞争力。测土配方施肥是一项控制肥料污染的重要技术，首先要从土壤养分测试入手，要因土因作物分类指导，广泛开展测土工作与肥料田间试验，选定不同作物配方施肥技术方案和施肥技术指导，完善"测土—配方—供肥—技术指导"一条龙服务。建立无公害农产品基地养分管理数据库和施肥专家咨询系统，统一技术指导，科学合理施肥，提高肥料利用率，确保农产品的高效、优质、安全。

（四）加强肥料登记管理，保障农民用上"放心肥"

针对目前肥料市场良莠不齐状况，狠抓肥料登记管理，规范登记程序，严把质量关。加强肥料质量跟踪监督，加大肥料市场的监督抽查，积极开展肥料市场检查，打击伪劣产品，进一步净化、规范化肥市场，保护广大农民的利益。

（五）加大无公害农产品生产施肥技术标准制订和实施力度

以提质增效安全为中心，积极探索和制订无公害农产品生产施肥技术标准，加强宣传和培训力度，指导生产者科学合理使用肥料。制定无公害农产品用肥认定办法，加强无公害用肥推荐，向农民推荐安全、优质和放心的肥料品种。

第四节　加强耕地质量管理的对策与建议

耕地质量包含生产性质量与环境质量。生产性质量就是农民习惯称呼的土质好坏，具体表现为土壤的肥力状况与生产能力；环境质量就是土壤的净化纯度，即土壤中各种有害物质的存在状况。耕地质量的好坏不仅关系到耕地农业生产的能力，而且也关系到农产品及对环境的安全。对于有效保护和合理利用有限的耕地资源，促进农业产业结构的调整，发展优质、安全的农产品生产，打造绿色、高效、生态农业强县，构筑都市型农业发展具有十分重要的现实意义。为了进一步提高嘉善县耕地的综合生产能力，促进农业生产的可持续发展，必须加强现有耕地的质量管理，各级政府、部门要提高对耕地质量问题的认识，加强对耕地质量建设的领导，各司其职，各尽所能，把实施"土壤健康工程"列入议事日程，切实加强嘉善县耕地质量管理工作。

一、建立健全耕地质量监测体系和耕地资源管理信息系统，对耕地质量进行动态管理

（一）建立健全耕地质量监测体系

加强地力监测网络建设，加快监测点配套设施建设，把土壤的安全检测列入农产品安全检测的重要环节，切实抓好耕地质量监测、管理等配套技术规程和标准的制定工作，为指导合理施肥、维护耕地质量奠定扎实基础。在全县已建立的3个土壤长期定位监测点的基础上，结合土壤肥力动态监测点建立县域地力监测网络体系，通过对监测点的土壤、植物样本、气候、施肥状况、养分平衡情况、生产管理、作物产量的如实监测调查，实时掌握肥力变化动态，建立地力监测数据库。根据监测数据定时向当地政府及上级业务主管部门提供耕

地质量现状与预警报告，提出培肥措施、利用方式及施肥建议等。

（二）建立健全地力信息共享系统

通过改进、提高耕地地力信息技术，优化耕地资源管理信息系统功能，不断充实、完善基础数据库，实现耕地资源管理的数字化、可视化和动态化，提高信息的开发利用效率，为调整、优化农业结构，发展区域性特色农业产业带，建立无公害农产品基地，发展绿色、有机农产品提供科学依据和信息交流平台。

（三）建立土壤质量预测预报系统

在研究土壤障碍诊断指标的基础上，根据不同情况，设立土壤质量监控点，分析土壤理化性状和土壤环境变化趋势，预测预报土壤障碍、土壤污染的发生、发展，预先提出预警报告，及时为农业生产提供针对性的治理、预防措施和改良、培肥土壤的指导意见。

二、健全耕地保养管理法律法规体系，依法加强耕地地力建设与保养

根据《中华人民共和国农业法》《基本农田保护条例》等现行法律、法规，实行严格的耕地保护制度，切实保护耕地和基本农田，依法加强耕地地力建设与保养。要抓紧制订适用于当地的《耕地保养管理条例》等地方性法规，对耕地使用和养护的监督管理、中低产田（地）的改造以及对耕地地力、环境状况的监测和评价等作出具体的法律规定，把建立耕地保养监督管理制度，建立健全耕地质量监测体系，加强耕地质量保护等工作纳入法制化轨道，努力健全耕地保养管理的法律法规体系，促进农业生产持续稳定发展。

三、制定优惠政策，建立耕地保养管理专项资金，加大政府对耕地质量建设的支持力度

各级政府要重视耕地质量保护，把它作为农业基础建设的一项重要举措来抓。建议各级财政部门及有关部门将耕地质量建设这项工作纳入财政预算，列入重点支持项目，建立耕地保养管理专项资金，利用WTO的"绿箱"政策，加大资金投入力度，改善和提高耕地质量，为生产优质、无公害、特色农产品

创造良好的土壤环境条件。

多渠道争取资金，加大对耕地质量建设的投资力度，努力保护、改善耕地质量，提高耕地综合生产能力，是增强农业竞争实力的重要途径。重点在以下方面增加投入。一是开展标准化农田建设，采取工程、生物、农艺等综合措施，改造中低产田，减少劣质耕地。二是大力实施"沃土工程"。推广各类商品有机肥、新型优质高效肥，推广秸秆还田等地力培肥和平衡施肥技术，扩种肥、饲、菜兼用的绿肥新品种，保护土壤肥力，改善生态环境。三是结合农业特色产品、无公害农产品、绿色食品等基地建设，开展地力监测和耕地环境质量评价，为保养耕地，消除土壤障碍因子，治理环境污染，提供科学依据。

附录1 嘉善县耕地地力评价调查点土壤养分状况

镇(街道)名称	村名称	地块名称	北纬	东经	pH值	有机质(g/kg)	全氮(g/kg)	有效磷(mg/kg)	速效钾(mg/kg)
魏塘街道	北暑村	北暑1社	30.87472	120.9097	6.6	35.3	2.01	17.2	115
魏塘街道	北暑村	北暑10社	30.87639	120.9061	6.2	53.5	2.23	92.9	300
魏塘街道	北暑村	北暑2社	30.87944	120.9044	6.5	41	2.47	6.7	135
魏塘街道	北暑村	北暑12社	30.88139	120.9022	6.5	43.4	2.36	20.9	148
魏塘街道	北暑村	北暑5社	30.88028	120.8803	6.5	48.2	2.47	10.6	129
魏塘街道	北暑村	北暑4社	30.87889	120.8983	6.7	45.9	2.31	5.9	148
魏塘街道	北暑村	北暑9社	30.87667	120.8944	6.6	39.9	2.35	5.9	125
魏塘街道	北暑村	北暑6社	30.87639	120.8978	6.5	41.1	2.34	10.9	156
魏塘街道	北暑村	北暑15社	30.875	120.8975	6.1	45.1	2.51	10.6	154
魏塘街道	北暑村	北暑7社	30.87194	120.8983	6.3	43.2	2.39	6.2	118
魏塘街道	北暑村	北暑8社	30.87056	120.9008	6.4	40.1	2.05	14.2	109
魏塘街道	北暑村	陆家浜	30.87903	120.8939	6.1	32.9	2.07	13.9	90
魏塘街道	北暑村	颜家浜	30.87214	120.8993	6.6	33.3	2.18	38.8	122
魏塘街道	国庆村	国庆6社	30.8725	120.9175	6	34.9	2.15	11.1	167
魏塘街道	国庆村	国庆14社	30.87444	120.9178	6.4	44.2	2.69	40.1	135
魏塘街道	国庆村	国庆15社	30.87806	120.9181	5.9	40.8	2.63	138.5	161
魏塘街道	国庆村	国庆15社	30.87889	120.9189	6.2	37.6	2.31	7.8	174
魏塘街道	里泽村		30.89583	120.9608	6.3	38	2.38	20	177

镇(街道)名称	村名称	地块名称	北纬	东经	pH值	有机质(g/kg)	全氮(g/kg)	有效磷(mg/kg)	速效钾(mg/kg)
魏塘街道	里泽村		30.89528	120.9642	6.3	37.7	2.13	22.3	109
魏塘街道	里泽村		30.895	120.9667	6.6	38.7	2.43	91.5	144
魏塘街道	里泽村		30.89722	120.9667	6.7	29.4	1.87	14.2	93
魏塘街道	里泽村		30.89806	120.9672	6.1	47.6	2.53	18.9	113
魏塘街道	里泽村		30.89944	120.965	5.9	46.5	2.73	21	206
魏塘街道	里泽村		30.90361	120.9647	6.1	28.8	1.66	35.3	147
魏塘街道	里泽村		30.90361	120.96	6.6	32.1	2.03	5.9	107
魏塘街道	里泽村		30.90222	120.9564	6.2	44.9	2.69	35.8	143
魏塘街道	里泽村		30.9025	120.9531	6.4	31.7	2.03	8.2	160
魏塘街道	里泽村		30.90056	120.9522	6	44.7	2.54	23.3	114
魏塘街道	里泽村		30.89833	120.9525	6.2	46.6	2.46	12.5	140
魏塘街道	里泽村		30.89583	120.9511	6.4	37.4	2.24	8.3	106
魏塘街道	里泽村		30.89472	120.9542	6.3	46	2.44	9	166
魏塘街道	联丰村		30.83222	120.8722	6.6	12.6	0.84	4.7	141
魏塘街道	联丰村		30.83528	120.8772	6.4	38.8	2.13	6.2	119
魏塘街道	联丰村		30.83778	120.8769	6.3	25.3	1.58	27.8	81
魏塘街道	联丰村		30.83944	120.8831	6.3	39.3	2.16	21.5	91
魏塘街道	联丰村		30.84194	120.8869	6.4	31.1	1.89	10	157
魏塘街道	联丰村		30.84056	120.8864	6.3	33.6	1.95	17.8	118
魏塘街道	联丰村		30.83944	120.8897	6	46.8	2.62	20.2	110
魏塘街道	联丰村		30.84083	120.8794	6.5	37.1	1.96	43	129
魏塘街道	联丰村		30.84111	120.8769	6.6	26.8	1.74	16.6	128
魏塘街道	联丰村		30.84222	120.8733	6.7	29.7	1.72	27.2	104
魏塘街道	联丰村		30.84278	120.8719	5.9	37.1	2.21	29.9	243
魏塘街道	联丰村		30.83494	120.8754	5.8	40.9	2.3	16.8	92
魏塘街道	南暑村	南暑1社	30.87278	120.9053	6.8	43.1	2.64	27.4	144
魏塘街道	南暑村	南暑1社	30.87278	120.9089	6.7	43.5	2.44	36.3	139

（续表）

镇（街道）名称	村名称	地块名称	北纬	东经	pH值	有机质（g/kg）	全氮（g/kg）	有效磷（mg/kg）	速效钾（mg/kg）
魏塘街道	南暑村	南暑2社	30.875	120.9094	6.2	42.7	2.4	5.1	135
魏塘街道	南暑村	南暑3社	30.87444	120.9111	6.3	49	2.78	13.7	146
魏塘街道	南暑村	南暑5社	30.87	120.9056	6.8	26.6	1.58	8.4	110
魏塘街道	南暑村	南暑5社	30.86472	120.9053	6.6	29.8	1.71	80.6	117
魏塘街道	南暑村	新开河	30.86267	120.9037	5.9	33.3	1.74	59.3	141
魏塘街道	桥港村		30.86	120.8917	6.1	41.5	2.33	16.4	113
魏塘街道	桥港村		30.85417	120.8897	6.3	42.9	2.54	9.9	125
魏塘街道	桥港村		30.85361	120.8906	6.2	38.3	2.18	13.2	140
魏塘街道	桥港村		30.85611	120.8919	6.3	37.7	2.28	8.1	133
魏塘街道	桥港村		30.85639	120.8883	7	37	2.35	27.9	150
魏塘街道	桥港村		30.85889	120.8881	6.1	37.6	2.09	30.1	91
魏塘街道	桥港村		30.86389	120.8992	7	14.1	0.95	16.2	122
魏塘街道	桥港村		30.86028	120.9006	6.2	35.6	2.28	33	109
魏塘街道	桥港村		30.86028	120.8975	6.3	36.1	2.19	8	117
魏塘街道	桥港村		30.85667	120.8956	6.1	39.9	2.3	23.1	213
魏塘街道	桥港村		30.85778	120.8928	6.3	41.5	2.6	9.2	114
魏塘街道	桥港村	塘桥	30.86103	120.899	5.8	34.5	2.3	16.7	117
魏塘街道	三里桥村		30.84306	120.8692	6.6	37.9	2.6	10.1	158
魏塘街道	三里桥村		30.84194	120.8664	5.9	31.4	1.82	18.2	119
魏塘街道	三里桥村		30.84	120.8656	6.5	40.2	2.44	42.2	172
魏塘街道	三里桥村		30.84194	120.8572	5.6	38.6	2.26	5.6	96
魏塘街道	三里桥村		30.84361	120.8517	6.5	38.9	2.34	9	147
魏塘街道	三里桥村		30.84417	120.8511	5.5	40.6	2.28	19.3	96
魏塘街道	三里桥村		30.84194	120.8514	5.8	39.9	2.21	43.2	143
魏塘街道	三里桥村		30.83278	120.8664	6.2	28.5	1.84	176	235
魏塘街道	三里桥村		30.8325	120.865	5.4	34.7	2.31	229.5	360

（续表）

镇(街道)名称	村名称	地块名称	北纬	东经	pH值	有机质（g/kg）	全氮（g/kg）	有效磷（mg/kg）	速效钾（mg/kg）
魏塘街道	三里桥村		30.83222	120.8628	6.4	32.4	2.18	33.8	250
魏塘街道	三里桥村	陆丰	30.84192	120.8592	6.4	32.4	1.98	38.2	102
魏塘街道	湾里村		30.86167	120.8756	5.6	38.5	2.13	10.7	151
魏塘街道	湾里村		30.86361	120.8772	6.5	40.6	2.41	39.1	135
魏塘街道	湾里村		30.86333	120.88	6.3	38.5	2.24	27.3	126
魏塘街道	湾里村		30.86778	120.8767	6.4	44	2.49	18.5	166
魏塘街道	湾里村		30.86917	120.8764	6.4	48.3	2.61	29.8	247
魏塘街道	湾里村		30.86806	120.8747	6.6	44.7	2.56	21.5	149
魏塘街道	湾里村		30.875	120.8725	5.8	38.6	2.19	14.2	125
魏塘街道	湾里村		30.87639	120.8756	5.7	41.8	2.67	27.4	140
魏塘街道	湾里村		30.87278	120.8694	6.8	34.6	2.08	20.9	186
魏塘街道	湾里村		30.87139	120.8672	6	44.9	2.52	8.2	141
魏塘街道	湾里村		30.86639	120.8694	6.4	59	3.58	100.5	177
魏塘街道	湾里村		30.8675	120.8706	6.5	47.5	2.85	59	161
魏塘街道	湾里村		30.86139	120.8744	6.3	41.5	2.41	7.4	133
魏塘街道	湾里村		30.85806	120.8747	6.3	41.8	2.41	12.3	181
魏塘街道	湾里村		30.85861	120.8719	6.6	44.5	2.56	20	146
魏塘街道	湾里村		30.85639	120.8783	6.7	39	2.42	10.3	148
魏塘街道	湾里村		30.86556	120.8778	6.5	39.8	2.28	6.7	107
魏塘街道	湾里村	松花港	30.87425	120.8715	6.1	41.9	2.35	16.7	108
魏塘街道	湾里村		30.86088	120.8737	6.2	35.5	2.18	22.5	145
魏塘街道	网埭港村		30.88889	120.9692	6.2	26.4	1.68	26	112
魏塘街道	网埭港村		30.89	120.9692	7	22.3	1.34	38.6	121
魏塘街道	网埭港村		30.89139	120.9717	7	19.8	1.35	59.4	152
魏塘街道	网埭港村		30.89444	120.9714	6.2	36.4	2.33	55.6	125

（续表）

镇（街道）名称	村名称	地块名称	北纬	东经	pH值	有机质（g/kg）	全氮（g/kg）	有效磷（mg/kg）	速效钾（mg/kg）
魏塘街道	网埭港村		30.89694	120.9703	7.1	23.7	1.42	34.4	90
魏塘街道	网埭港村		30.90056	120.9711	6.8	15.6	1.11	6.7	110
魏塘街道	网埭港村		30.89694	120.9719	6.6	14	0.83	7.3	105
魏塘街道	网埭港村		30.895	120.9786	6.6	27.4	1.45	14.4	138
魏塘街道	网埭港村		30.89833	120.9767	6.3	26	1.64	35.6	185
魏塘街道	网埭港村		30.90139	120.9753	6.8	18.4	1.21	14.3	116
魏塘街道	网埭港村		30.89861	120.9792	6.3	39.5	2.28	17.8	122
魏塘街道	网埭港村		30.89639	120.9861	6.4	24.8	1.69	243	184
魏塘街道	网埭港村		30.89194	120.9861	6.3	25	1.52	70.3	172
魏塘街道	网埭港村		30.89333	120.9761	6.5	28.5	1.75	36.8	126
魏塘街道	网埭港村		30.89972	120.9853	6.8	13	0.99	16	183
魏塘街道	网埭港村		30.90417	120.9861	6.8	39.6	2.29	25.8	172
魏塘街道	网埭港村		30.90472	120.9836	6.5	37.6	2.22	38.7	125
魏塘街道	网埭港村		30.90694	120.9808	6.8	21.3	0.91	5.1	154
魏塘街道	网埭港村		30.9075	120.9761	6.2	31.7	2.02	59.7	140
魏塘街道	网埭港村		30.90556	120.9725	6.9	14.8	0.92	12.4	142
魏塘街道	网埭港村		30.90417	120.9733	6.5	35.5	2.23	140.5	135
魏塘街道	网埭港村		30.90528	120.9789	6.8	43.8	2.51	47.9	121
魏塘街道	网埭港村		30.90056	120.9817	6.2	35.4	2.13	50.7	121
魏塘街道	网埭港村		30.9	120.9828	6.5	29.5	1.95	15.4	102
魏塘街道	魏中村		30.88667	120.9642	6.4	37.3	2.12	10.9	112
魏塘街道	魏中村		30.89	120.9653	6.5	29	1.68	25.1	118
魏塘街道	魏中村		30.89139	120.9608	6.4	23.2	1.47	20.4	158
魏塘街道	魏中村		30.88917	120.9617	6.1	32.5	2.04	7.1	130

（续表）

镇（街道）名称	村名称	地块名称	北纬	东经	pH值	有机质（g/kg）	全氮（g/kg）	有效磷（mg/kg）	速效钾（mg/kg）
魏塘街道	魏中村		30.88833	120.96	6.8	32.7	1.92	11.2	114
魏塘街道	魏中村		30.89083	120.9525	6.8	34.7	2.14	35.9	169
魏塘街道	魏中村		30.89083	120.9497	6.5	37.7	2.18	49.2	105
魏塘街道	魏中村		30.88972	120.95	6.5	38.1	2.14	36.8	181
魏塘街道	西项村	西项6社	30.87333	120.9239	6.3	33.3	2.12	8.1	107
魏塘街道	西项村	西项6社	30.87528	120.9247	6.7	34.6	2.2	13.4	147
魏塘街道	西项村	西项6社	30.87556	120.9239	6.5	43.5	2.58	39.4	144
魏塘街道	西招圩村		30.87889	120.8819	7	27.8	2.28	33.3	149
魏塘街道	西招圩村		30.87639	120.8822	6.8	38.7	2.39	28.7	167
魏塘街道	西招圩村		30.87972	120.8858	6	41.7	2.39	31.6	106
魏塘街道	西招圩村		30.87694	120.8881	6.3	45.3	2.33	24.8	105
魏塘街道	西招圩村		30.875	120.8897	7.3	25.3	1.63	98.4	212
魏塘街道	西招圩村		30.87083	120.89	7	38.5	2.22	24.4	124
魏塘街道	西招圩村		30.87028	120.8856	6.3	49	2.97	40.2	215
魏塘街道	西招圩村		30.86917	120.8833	5.8	38.5	2.36	13.8	175
魏塘街道	西招圩村		30.87056	120.8839	6.5	39	2.34	61.4	642
魏塘街道	西招圩村		30.86833	120.8856	6.7	49.3	2.95	159.5	494
魏塘街道	西招圩村		30.86833	120.8914	6.7	38.1	2.21	5.3	106
魏塘街道	西招圩村		30.86778	120.8897	6.2	39.3	2.24	14.2	146
魏塘街道	西招圩村		30.86722	120.8939	6.2	46.2	2.44	6.6	128
魏塘街道	西招圩村		30.86417	120.8917	6.1	32.8	1.97	23	112
魏塘街道	西招圩村		30.86306	120.8942	6.6	40.5	2.33	26.9	143
魏塘街道	西招圩村	小圩	30.87408	120.8839	6.9	34.5	2.13	21	145
魏塘街道	新泾村		30.85111	120.8828	6.2	37.7	2.38	8.8	173

（续表）

镇（街道）名称	村名称	地块名称	北纬	东经	pH值	有机质（g/kg）	全氮（g/kg）	有效磷（mg/kg）	速效钾（mg/kg）
魏塘街道	新泾村		30.8525	120.8794	6.4	42.1	2.51	8.6	211
魏塘街道	新泾村		30.8525	120.8772	6.5	40.8	2.47	11.3	158
魏塘街道	新泾村		30.8525	120.8753	6.3	40.1	2.46	11.5	167
魏塘街道	新泾村		30.85306	120.8697	6.3	35.7	2.14	32.5	202
魏塘街道	新泾村		30.84944	120.8686	6.1	43.8	2.5	16.7	110
魏塘街道	新泾村		30.84944	120.8694	6.3	41.9	2.55	16.7	123
魏塘街道	新泾村		30.84778	120.8631	5.9	42.4	2.37	13	133
魏塘街道	新泾村		30.84806	120.8672	6.6	35.6	2.12	16.6	123
魏塘街道	新泾村		30.84889	120.8706	5.9	43.2	2.54	12.4	119
魏塘街道	新泾村		30.8475	120.8714	6.2	38.2	2.38	18.3	156
魏塘街道	新泾村		30.84778	120.8739	6.2	39.9	2.29	5.8	165
魏塘街道	新泾村		30.84861	120.8761	6.5	39.5	2.27	13.2	199
魏塘街道	新泾村		30.84861	120.8769	6.2	42.3	2.73	136.5	425
魏塘街道	新泾村		30.84639	120.8789	6.4	49.2	2.84	35.4	266
魏塘街道	新泾村		30.84639	120.8831	6.3	37.2	2.2	24.9	228
魏塘街道	新泾村		30.8475	120.88	6.8	37.4	2.21	19.4	157
魏塘街道	新泾村		30.84771	120.8836	6.1	37.9	2.11	19.2	136
魏塘街道	秀北村	秀南片	30.84889	120.8575	6.2	44	2.58	10	136
魏塘街道	秀北村	秀南片	30.84778	120.8508	6.4	45.2	2.54	26.1	154
魏塘街道	秀北村	秀南片	30.84722	120.8489	5.9	41.5	2.51	8.6	112
魏塘街道	秀北村	秀南片	30.85056	120.8533	6.3	44.4	2.47	25.8	160
魏塘街道	秀北村	秀南片	30.85278	120.8525	5.9	38.5	2.24	42.6	122
魏塘街道	秀北村	秀南片	30.8525	120.8575	6.4	32.9	2.07	20.3	150
魏塘街道	秀北村	秀南片	30.85417	120.8594	5.8	46	2.55	11.2	130

（续表）

镇（街道）名称	村名称	地块名称	北纬	东经	pH值	有机质（g/kg）	全氮（g/kg）	有效磷（mg/kg）	速效钾（mg/kg）
魏塘街道	秀北村	秀南片	30.85528	120.8603	6.6	30.7	1.73	13.7	120
魏塘街道	秀北村	秀南片	30.85611	120.8544	5.5	44.4	2.42	22.2	124
魏塘街道	秀北村	秀南片	30.85778	120.8578	6.6	43.4	2.52	44.9	124
魏塘街道	秀北村	秀南片	30.86028	120.8575	6	39.2	2.2	13	114
魏塘街道	秀北村	秀南片	30.86	120.8617	6.3	52.3	2.64	10.3	121
魏塘街道	秀北村	秀南片	30.86083	120.8633	6.4	40	2.3	7	126
魏塘街道	秀北村	秀南片	30.86639	120.8633	6.3	40.8	2.34	12.4	142
魏塘街道	秀北村	秀南片	30.865	120.865	6.4	49.1	3.11	83.1	251
魏塘街道	秀北村	秀南片	30.86444	120.8617	6.4	48.8	2.6	15.8	124
魏塘街道	秀北村	秀南片	30.86222	120.8683	6.2	47.8	2.71	15.9	191
魏塘街道	秀北村	秀南片	30.86167	120.8669	6.4	46.9	2.53	25.8	131
魏塘街道	秀北村	秀南片	30.86028	120.8661	6.4	36.8	2.49	8.7	138
魏塘街道	秀北村	秀南片	30.85944	120.8681	6.1	41.8	2.5	27.2	158
魏塘街道	秀北村	秀南片	30.85556	120.8675	6.4	33.6	2.27	9.2	112
魏塘街道	秀北村	东花桥	30.85467	120.8655	6	36.5	2.02	20.4	144
魏塘街道	秀北村		30.86263	120.8638	6	44	2.35	26.2	144
魏塘街道	智果村	智果10社	30.895	120.9269	6.9	38.6	2.35	14.3	182
魏塘街道	智果村	智果10社	30.89444	120.9283	6.6	31.3	2.07	63.8	167
魏塘街道	智果村	智果10社	30.89611	120.9289	7.4	17.6	1.01	12	169
魏塘街道	智果村	智果10社	30.89667	120.9286	6.5	34.5	2.21	63.2	140
魏塘街道	智果村	智果10社	30.89694	120.9261	5.7	14	0.96	7	145
魏塘街道	智果村	智果10社	30.8975	120.9247	6.6	39.3	2.22	30	115
魏塘街道	智果村	智果11社	30.89917	120.9264	6.6	23.1	1.62	70.1	132
魏塘街道	智果村	智果11社	30.89889	120.9286	6.4	29.7	1.86	65.1	171

（续表）

镇(街道)名称	村名称	地块名称	北纬	东经	pH值	有机质(g/kg)	全氮(g/kg)	有效磷(mg/kg)	速效钾(mg/kg)
魏塘街道	智果村	智果11社	30.90056	120.9267	6.9	16.9	1.1	23.3	81
魏塘街道	智果村	智果12社	30.90389	120.9303	6.6	33.9	2.05	14.2	129
魏塘街道	智果村	智果13社	30.905	120.9311	6.3	36.3	2.15	117.1	231
魏塘街道	智果村	智果13社	30.90639	120.93	6.7	30.8	1.9	4.5	104
魏塘街道	智果村	智果13社	30.90611	120.9331	7	16.7	1.13	5.2	93
魏塘街道	智果村	智果13社	30.90444	120.9319	6.6	34	1.86	13.1	136
魏塘街道	智果村	智果12社	30.90278	120.9317	6.7	18.3	1.08	6.6	121
魏塘街道	智果村	智果12社	30.90139	120.9308	6.9	24.4	1.5	11.1	132
魏塘街道	智果村	智果11社	30.90111	120.9286	6.3	38.3	2.21	23.5	95
魏塘街道	智果村	智果10社	30.89306	120.9261	6.4	25.9	1.76	99	173
魏塘街道	智果村	智果9社	30.89139	120.9256	6.5	42.4	2.52	81	234
魏塘街道	智果村	智果9社	30.88944	120.9258	6.7	29.9	2.03	82.5	136
魏塘街道	智果村	智果9社	30.8875	120.925	6.7	18.8	1.21	9.7	103
魏塘街道	智果村	里巷港	30.89889	120.9271	6.2	36.4	2.24	32.1	107
魏塘街道	智果村	小腰子港	30.88917	120.9181	6.8	37.9	2.18	92	194
魏塘街道	中寒圩村	中寒圩10社	30.89278	120.9317	6.3	35.6	2.04	5.9	137
魏塘街道	中寒圩村	中寒圩10社	30.89083	120.9333	6.4	37	2.23	72.8	175
魏塘街道	中寒圩村	中寒圩10社	30.89389	120.9342	6.6	47.2	2.67	31.6	264
魏塘街道	中寒圩村	中寒圩11社	30.89611	120.9339	6.4	41.6	2.29	17.7	127
魏塘街道	中寒圩村	中寒圩11社	30.89889	120.9347	6.4	46	2.62	22.5	197
魏塘街道	中寒圩村	中寒圩11社	30.89917	120.9336	6.5	41.5	2.32	9.6	142
魏塘街道	中寒圩村	中寒圩9社	30.86139	120.9361	6	33.9	1.96	9.7	161

（续表）

镇(街道)名称	村名称	地块名称	北纬	东经	pH值	有机质(g/kg)	全氮(g/kg)	有效磷(mg/kg)	速效钾(mg/kg)
魏塘街道	中寒圩村	中寒圩8社	30.89528	120.9381	6.2	31.6	2.03	26.5	201
魏塘街道	中寒圩村	中寒圩8社	30.89472	120.94	6.6	42.5	2.34	14.7	143
魏塘街道	中寒圩村	中寒圩7社	30.89528	120.9439	6.2	38.5	2.47	12.7	136
魏塘街道	中寒圩村	中寒圩8社	30.8975	120.9411	6.2	34.1	2.5	22.3	123
魏塘街道	中寒圩村	中寒圩14社	30.89889	120.94	6.3	42.4	2.69	33.2	141
魏塘街道	中寒圩村	中寒圩13社	30.90333	120.94	6.4	45.3	2.71	30.4	109
魏塘街道	中寒圩村	中寒圩16社	30.90278	120.9456	6.5	39.3	2.13	26.8	144
魏塘街道	中寒圩村	中寒圩16社	30.90361	120.9475	6.3	39.9	2.55	81.8	146
魏塘街道	中寒圩村	中寒圩15社	30.90194	120.9353	6.5	52	2.83	40.4	215
魏塘街道	中寒圩村	中寒圩15社	30.90056	120.9478	5.8	44.5	2.54	14.8	145
魏塘街道	中寒圩村	中寒圩15社	30.90083	120.9461	6.4	39	2.45	23.3	126
魏塘街道	中寒圩村	中寒圩15社	30.90139	120.9453	6.1	40.3	2.36	16.8	158
魏塘街道	中寒圩村	中寒圩14社	30.9025	120.9411	6.4	32.9	2.05	17.8	118
魏塘街道	中寒圩村	中寒圩14社	30.89972	120.9428	5.9	45.6	2.63	14.7	155
魏塘街道	中寒圩村	杨家溇	30.89547	120.9446	6.3	38.3	2.18	21.3	97
魏塘街道	中寒圩村	杨家浜	30.89031	120.9405	5.8	37.4	2.24	1.3	112
魏塘街道	庄港村	立新社	30.84778	120.89	6.7	37.5	2.47	11.8	138
魏塘街道	庄港村	红旗社	30.84972	120.8992	6.5	42.6	2.45	26.8	107
魏塘街道	庄港村	毛草社	30.85194	120.8994	6.6	41.2	2.32	24.7	121
魏塘街道	庄港村	江北社	30.85528	120.8997	6.3	38.8	2.33	11.9	169
魏塘街道	庄港村	江北社	30.85667	120.8986	6.6	37.2	2.31	16.7	150

（续表）

镇(街道)名称	村名称	北纬	东经	pH值	有机质(g/kg)	全氮(g/kg)	有效磷(mg/kg)	速效钾(mg/kg)
罗星街道	城南村	30.8275	120.9169	6.8	32.4	2.19	124	274
罗星街道	城南村	30.81917	120.9161	6.4	31.4	2.01	16.6	111
罗星街道	城南村	30.81944	120.9122	6.5	22.6	1.4	65.4	160
罗星街道	城南村	30.82389	120.9131	6.5	23.9	1.64	52.5	234
罗星街道	城南村	30.816	120.9142	6	30.2	1.4	19.9	105
罗星街道	城南村	30.81414	120.9073	5.6	26	1.68	30.3	114
罗星街道	城南村	30.82125	120.913	6	28.6	1.74	16.8	161
罗星街道	城西村	30.81389	120.8883	6.8	15.5	1.25	22.5	144
罗星街道	城西村	30.81222	120.8872	7	27.8	1.71	33.3	149
罗星街道	城西村	30.81278	120.8906	6.7	33.6	1.82	79	113
罗星街道	和合村	30.81167	120.8992	6.4	29.3	1.88	39.9	118
罗星街道	和合村	30.81222	120.9	6.5	31.1	2.04	116	322
罗星街道	和合村	30.81	120.9	6.9	29.4	1.81	99	143
罗星街道	和合村	30.80917	120.8992	6.5	33.2	2.1	87.7	160
罗星街道	和合村	30.81222	120.8956	6.8	34.4	2.26	93.7	138
罗星街道	和合村	30.81361	120.8961	6.8	27.3	1.38	22	132
罗星街道	和合村	30.82017	120.8956	5.8	37.8	2.07	37.4	111
罗星街道	和合村	30.80911	120.9003	5.9	29.7	2.05	33.6	127
罗星街道	联星村	30.80778	120.8628	5.9	33	2.02	35.8	112
罗星街道	联星村	30.81028	120.8625	5.9	37.4	2.18	57.1	112
罗星街道	联星村	30.80861	120.86	5.8	31.9	1.98	93.5	140
罗星街道	联星村	30.81056	120.8644	5.8	33.8	2.05	42.5	114
罗星街道	联星村	30.81361	120.8639	5.8	33.3	1.95	27.4	98
罗星街道	联星村	30.8175	120.8636	6.5	36.1	2.05	15.4	146

（续表）

镇(街道)名称	村名称	北纬	东经	pH值	有机质(g/kg)	全氮(g/kg)	有效磷(mg/kg)	速效钾(mg/kg)
罗星街道	联星村	30.81806	120.8617	6.4	33.4	1.97	44.2	138
罗星街道	联星村	30.81889	120.8622	6.5	33.7	1.96	58.1	163
罗星街道	联星村	30.81639	120.8678	6	29.9	1.94	50.2	147
罗星街道	联星村	30.81333	120.8675	6.4	30.3	1.9	39.1	229
罗星街道	联星村	30.81306	120.8717	6.4	32.2	1.91	15.4	136
罗星街道	联星村	30.81056	120.8739	6.1	32.1	2	33.6	124
罗星街道	联星村	30.80806	120.8742	6.5	31.6	1.97	40.4	139
罗星街道	联星村	30.80778	120.8714	6.2	27.4	1.76	22.5	137
罗星街道	联星村	30.80528	120.8725	6.5	30.2	1.77	46.5	170
罗星街道	联星村	30.80139	120.8772	6.3	32.9	1.9	22.5	99
罗星街道	联星村	30.80139	120.8758	6.9	27.2	1.59	25.9	139
罗星街道	联星村	30.81167	120.8797	6.2	30.3	1.94	41.3	147
罗星街道	联星村	30.81278	120.8772	6.4	30	1.88	34.3	166
罗星街道	联星村	30.81444	120.8744	6.5	31	1.88	26.7	140
罗星街道	联星村	30.81278	120.8747	6.5	30.2	1.68	19.1	125
罗星街道	马家桥村	30.77778	120.9067	6.6	3.4	2.11	18.2	117
罗星街道	马家桥村	30.77778	120.9033	6.3	28.5	1.8	106.4	298
罗星街道	马家桥村	30.77556	120.9022	6.9	28.9	1.9	150.5	346
罗星街道	马家桥村	30.77611	120.9078	5.4	26.6	1.91	177.5	317
罗星街道	马家桥村	30.77694	120.9106	6.4	27.6	1.89	59	157
罗星街道	马家桥村	30.77917	120.9094	5.7	30.2	2.15	179.5	473
罗星街道	马家桥村	30.78194	120.9072	6.5	30.9	1.94	178	289
罗星街道	马家桥村	30.78306	120.9047	6.4	27.8	1.84	24.5	274
罗星街道	马家桥村	30.78139	120.9025	6.6	29.1	1.83	67.8	162

（续表）

镇(街道)名称	村名称	北纬	东经	pH值	有机质(g/kg)	全氮(g/kg)	有效磷(mg/kg)	速效钾(mg/kg)
罗星街道	马家桥村	30.78417	120.9017	6.5	28.7	1.73	89.3	189
罗星街道	马家桥村	30.78667	120.9017	6.8	32.4	1.97	25.7	277
罗星街道	马家桥村	30.78722	120.9067	5.7	33.5	2.21	124	385
罗星街道	马家桥村	30.78833	120.9169	6.2	20.1	1.28	84.4	173
罗星街道	马家桥村	30.78667	120.9194	6.5	25.1	1.66	150.5	303
罗星街道	马家桥村	30.78556	120.9153	6.4	21.1	1.5	32.4	125
罗星街道	马家桥村	30.78528	120.9072	6.4	32.2	1.82	47.6	130
罗星街道	马家桥村	30.78889	120.9053	6.6	25.9	1.77	91	195
罗星街道	马家桥村	30.79222	120.9061	6.2	27.2	1.58	34.7	128
罗星街道	马家桥村	30.79361	120.9097	5.8	26.6	1.92	61	229
罗星街道	马家桥村	30.79361	120.9119	6.3	31.3	1.88	100.5	277
罗星街道	马家桥村	30.7925	120.9153	6.6	32.8	2.23	114.5	282
罗星街道	马家桥村	30.79278	120.9039	6.6	30.7	2.12	81.2	150
罗星街道	马家桥村	30.79611	120.9081	6.2	27.3	1.9	128	196
罗星街道	马家桥村	30.79556	120.9061	6.3	27.6	1.81	36.8	85
罗星街道	马家桥村	30.79528	120.9017	5.8	28.4	2.06	112	294
罗星街道	马家桥村	30.79861	120.9072	5.5	30.3	1.93	110.4	264
罗星街道	马家桥村	30.79861	120.9028	6.4	31.5	2.09	136	434
罗星街道	马家桥村	30.78733	120.9193	6	24.3	1.62	23.2	93
罗星街道	马家桥村	30.77652	120.9083	4.6	31.2	2.18	61.3	287
罗星街道	马家桥村	30.77583	120.9094	5.9	31.5	1.79	58	209
罗星街道	马家桥村	30.77493	120.9106	5.7	30.5	2.07	44.9	268
罗星街道	马家桥村	30.77563	120.9067	5.4	29.1	1.9	38.3	191
罗星街道	马家桥村	30.77642	120.9041	5.6	26.7	1.4	40.2	224

（续表）

镇(街道)名称	村名称	北纬	东经	pH值	有机质(g/kg)	全氮(g/kg)	有效磷(mg/kg)	速效钾(mg/kg)
罗星街道	马家桥村	30.77764	120.9042	5.9	32.1	1.9	51.5	279
罗星街道	马家桥村	30.78227	120.9083	5.6	32.8	1.68	46.3	232
罗星街道	马家桥村	30.7834	120.9042	5.4	31.9	1.9	20.1	215
罗星街道	马家桥村	30.78469	120.9022	6.3	13.3	1.18	36	216
罗星街道	马家桥村	30.78636	120.9025	5.9	35.3	2.35	61.3	294
罗星街道	马家桥村	30.78735	120.9092	6.2	19.1	1.06	79	368
罗星街道	马家桥村	30.77771	120.909	5.7	31.4	1.94	44.4	197
罗星街道	马家桥村	30.77848	120.9067	6	30.3	1.88	30.9	183
罗星街道	马家桥村	30.77765	120.9029	5.8	34.1	2.46	49.6	310
罗星街道	马家桥村	30.79037	120.9076	6.3	32.8	2.07	39.8	225
罗星街道	马家桥村	30.79291	120.9041	5.9	27.6	1.85	21.1	103
罗星街道	马家桥村	30.79653	120.9038	6.3	30.9	1.68	30.9	179
罗星街道	库浜村	30.8175	120.8789	6.9	32.4	1.9	41.6	168
罗星街道	库浜村	30.81833	120.8767	6.3	31.5	1.85	30.5	132
罗星街道	库浜村	30.81778	120.8753	6.3	31.6	1.77	23.5	130
罗星街道	库浜村	30.81917	120.8728	7	15.5	0.91	7.3	154
罗星街道	库浜村	30.82111	120.8714	6.1	30.8	1.74	32.7	123
罗星街道	库浜村	30.82222	120.8725	6.6	40.9	2.26	6	183
罗星街道	库浜村	30.82167	120.8733	6.6	33.1	2.08	27.3	151
罗星街道	库浜村	30.8225	120.8697	6.4	31.7	1.89	47.5	156
罗星街道	库浜村	30.81833	120.8683	6.3	28.5	1.77	51	177
罗星街道	库浜村	30.82222	120.8669	6.5	37	2.13	33.5	145
罗星街道	库浜村	30.82167	120.8656	6.3	34.5	2.21	19.3	144
罗星街道	库浜村	30.8225	120.8672	6.2	37.2	2.2	30.9	134

（续表）

镇(街道) 名称	村名称	北纬	东经	pH 值	有机质 (g/kg)	全氮 (g/kg)	有效磷 (mg/kg)	速效钾 (mg/kg)
罗星街道	库浜村	30.82028	120.8703	6.5	44.6	2.59	23.5	170
罗星街道	库浜村	30.81639	120.8747	6.3	32.2	1.99	8.5	134
罗星街道	库浜村	30.82033	120.8722	6	32.9	2.18	14.8	135
罗星街道	亭桥村	30.80639	120.9078	6.7	31.7	2.01	22.5	289
罗星街道	亭桥村	30.81028	120.9078	6.1	22.4	1.69	63.5	159
罗星街道	亭桥村	30.81139	120.9108	6.6	31.6	1.94	14.6	131
罗星街道	亭桥村	30.80417	120.9081	5.9	28.4	2.03	75.2	221
罗星街道	亭桥村	30.80139	120.9083	6.3	31.3	1.73	66.8	208
罗星街道	亭桥村	30.80528	120.9094	6.2	30.5	1.81	22.3	133
罗星街道	亭桥村	30.80639	120.9158	6.9	22.5	1.43	10.5	185
罗星街道	亭桥村	30.80639	120.9194	5.3	36.6	2.56	122	286
罗星街道	亭桥村	30.80806	120.9164	6.5	43.9	2.51	55.8	140
罗星街道	亭桥村	30.81083	120.9158	6.3	35.9	2.26	40.1	243
罗星街道	亭桥村	30.805	120.9072	6.5	30.4	2.05	30.1	315
罗星街道	亭桥村	30.80611	120.9089	5.4	27.5	1.81	78.5	386
罗星街道	亭桥村	30.8027	120.9054	6.1	28.4	1.4	22.5	114
罗星街道	亭桥村	30.80356	120.9098	5.7	31.5	1.9	21.5	104
罗星街道	先锋村	30.79389	120.8575	6.6	19.8	1.31	49.8	192
罗星街道	先锋村	30.7925	120.8556	6.4	29.2	2.12	31.6	120
罗星街道	先锋村	30.79389	120.8514	6.2	39.8	2.23	31.1	111
罗星街道	先锋村	30.79139	120.8517	6.4	39	2.19	42.2	127
罗星街道	先锋村	30.79139	120.8486	6.8	28.6	1.59	17.6	113

（续表）

镇(街道)名称	村名称	北纬	东经	pH值	有机质(g/kg)	全氮(g/kg)	有效磷(mg/kg)	速效钾(mg/kg)
罗星街道	先锋村	30.79722	120.8492	9.5	34.4	1.95	25.3	135
罗星街道	先锋村	30.79722	120.8533	6.1	42.5	2.49	17.4	149
罗星街道	先锋村	30.7975	120.8561	6.3	30.2	1.79	14.3	116
罗星街道	先锋村	30.79972	120.855	6.9	15.3	1.14	15.6	99
罗星街道	先锋村	30.80222	120.8553	6.7	29.7	1.71	32.2	165
罗星街道	先锋村	30.80361	120.8556	6.3	32.6	2.14	76	159
罗星街道	先锋村	30.80306	120.8581	6.2	28.7	1.64	81.9	135
罗星街道	先锋村	30.80472	120.8597	6.4	27.9	1.64	16.3	124
罗星街道	先锋村	30.80556	120.8622	6.2	34.2	1.86	29	128
罗星街道	先锋村	30.80528	120.8669	6.3	30.8	2.08	39.4	134
罗星街道	先锋村	30.80028	120.8686	6.5	20	1.25	18.8	222
罗星街道	先锋村	30.7975	120.8689	5.3	27.7	1.78	23.4	115
罗星街道	先锋村	30.79639	120.8703	6.2	38.1	2.25	31.9	256
罗星街道	先锋村	30.7975	120.8672	5.6	29.7	1.67	51.3	113
罗星街道	先锋村	30.79528	120.8667	6.2	23	1.43	35.2	114
罗星街道	先锋村	30.79333	120.8683	6	28.9	1.64	59.9	113
罗星街道	先锋村	30.795	120.865	6	34.1	1.87	18.4	117
罗星街道	先锋村	30.79528	120.8633	5.7	36.3	1.98	26.9	100
罗星街道	先锋村	30.79647	120.8529	5.8	32.4	2.24	30.2	77
罗星街道	先锋村	30.80342	120.8588	5.8	25.9	1.74	14.3	119
罗星街道	鑫鑫村	30.7925	120.8936	6.4	31.3	1.92	82.2	135
罗星街道	鑫鑫村	30.79194	120.8969	6.7	32.3	2.16	68.7	202

（续表）

镇(街道)名称	村名称	北纬	东经	pH值	有机质(g/kg)	全氮(g/kg)	有效磷(mg/kg)	速效钾(mg/kg)
罗星街道	鑫鑫村	30.79611	120.8922	6.5	34.4	2.01	30.4	130
罗星街道	鑫鑫村	30.79611	120.8925	6.4	33.5	2.01	62	186
罗星街道	鑫鑫村	30.80167	120.8928	6.4	29.5	1.84	30.8	121
罗星街道	鑫鑫村	30.805	120.8961	5.9	34.5	2.15	113.5	213
罗星街道	鑫鑫村	30.80722	120.8958	6.2	31.5	2	12.1	98
罗星街道	鑫鑫村	30.80333	120.8892	6.6	30.3	1.81	74	110
罗星街道	鑫鑫村	30.80389	120.8858	7.2	17.4	1.03	21.1	192
罗星街道	鑫鑫村	30.80028	120.8881	6.6	23.5	1.5	59.9	131
罗星街道	鑫鑫村	30.79972	120.89	6.5	16.1	1.05	32.4	127
罗星街道	鑫鑫村	30.79833	120.8903	6.4	30.9	2.06	32.7	119
罗星街道	鑫鑫村	30.80056	120.8872	6.8	19.3	1.29	19.8	131
罗星街道	鑫鑫村	30.79889	120.2153	6	32.3	1.86	42.5	170
罗星街道	鑫鑫村	30.79833	120.8769	6.5	29.1	1.67	40.9	112
罗星街道	鑫鑫村	30.79944	120.8742	5.6	30.8	1.87	79.9	181
罗星街道	鑫鑫村	30.79472	120.8853	6.7	19.4	1.29	20.2	127
罗星街道	鑫鑫村	30.79444	120.8847	6.7	29.2	1.89	41.6	84
罗星街道	鑫鑫村	30.79389	120.8872	6.6	23	1.56	77	145
罗星街道	鑫鑫村	30.79306	120.8867	6.7	32.9	2.11	68.9	144
罗星街道	鑫鑫村	30.78417	120.8853	6.3	27.6	1.86	20.1	117
罗星街道	鑫鑫村	30.79778	120.8847	6.5	31	1.86	45.4	142
罗星街道	鑫鑫村	30.79028	120.8758	6.9	24.6	1.62	21.4	127
罗星街道	鑫鑫村	30.79986	120.8767	6	32.6	2.07	26.5	165
罗星街道	鑫鑫村	30.80119	120.8921	6.2	32.9	2.13	22.7	98

（续表）

镇（街道）名称	村名称	北纬	东经	pH值	有机质（g/kg）	全氮（g/kg）	有效磷（mg/kg）	速效钾（mg/kg）
惠民街道	大泖村	30.81333	121.01	6.1	30.9	1.96	20.9	137
惠民街道	大泖村	30.81194	121.0019	6.1	39	2.25	29.6	98
惠民街道	大泖村	30.81472	121.9992	6	40.2	2.3	14.2	121
惠民街道	大泖村	30.81722	121.0047	6.1	43.7	2.53	42	148
惠民街道	大泖村	30.82	121.0069	6.2	36.2	2.24	17.7	126
惠民街道	大泖村	30.82417	121.0044	6.2	42.1	2.49	10.8	110
惠民街道	大泖村	30.8175	121.0092	6.1	31.4	1.95	15.4	112
惠民街道	大泖村	30.81172	121.0021	7	13.3	0.85	13	98
惠民街道	大泖村	30.80342	121.0066	6.3	49.5	2.87	35.1	188
惠民街道	大泖村	30.81258	121.0041	5.6	36	2.07	17.7	100
惠民街道	大通村	30.82778	121.0269	6	43.5	2.64	24.3	135
惠民街道	大通村	30.82556	121.0236	6.7	20.3	1.31	33.3	111
惠民街道	大通村	30.82639	121.0222	6.5	41.8	2.48	32.1	186
惠民街道	大通村	30.82306	121.0281	6.5	38.4	2.27	11.5	101
惠民街道	大通村	30.82111	121.025	5.9	41.8	2.49	32.7	116
惠民街道	大通村	30.82028	121.0206	6.4	31.2	1.88	72.4	134
惠民街道	大通村	30.82444	121.02	5.9	41.5	2.51	21.5	133
惠民街道	大通村	30.8175	121.0214	6.5	19.6	1.3	23.7	152
惠民街道	大通村	30.81917	121.03	6.3	35	2.2	48.5	132
惠民街道	大通村	30.81472	121.0197	6.8	38.6	2.25	9.9	127
惠民街道	大通村	30.81056	121.015	6.3	38.7	2.38	85.5	161
惠民街道	大通村	30.81222	121.0208	6.3	44	2.66	31.5	161
惠民街道	大通村	30.81361	121.0253	6.3	52.7	3.28	30.6	123
惠民街道	大通村	30.80944	121.0206	6.3	40.1	2.35	22.8	205

（续表）

镇（街道）名称	村名称	北纬	东经	pH值	有机质（g/kg）	全氮（g/kg）	有效磷（mg/kg）	速效钾（mg/kg）
惠民街道	大通村	30.80639	121.0278	6.1	17.6	1.1	17.4	149
惠民街道	大通村	30.80139	121.0236	7.5	45.5	2.72	59	189
惠民街道	大通村	30.79722	121.0275	6.4	11	0.69	8.9	117
惠民街道	大通村	30.80583	121.0217	5.9	47.7	2.77	8.7	149
惠民街道	大通村	30.80583	121.0164	6.4	31.9	1.91	27.6	130
惠民街道	大通村	30.80361	121.0094	6.7	35.6	2.06	17	169
惠民街道	大通村	30.80667	121.0022	6.6	29.4	1.82	12.9	118
惠民街道	大通村	30.805	121.0044	6.3	46.7	2.73	13.2	118
惠民街道	大通村	30.80889	121.0019	6.1	45.1	2.68	13.8	129
惠民街道	大通村	30.8075	121.0103	6.2	40.8	2.51	12.2	96
惠民街道	大通村	30.80681	121.0266	5.9	19.7	1.36	37.4	138
惠民街道	大通村	30.81814	121.0208	5.7	17.4	1.4	22.4	133
惠民街道	大通村	30.8275	121.0268	6	40.5	2.41	20.6	100
惠民街道	大通村	30.81303	121.0282	6.7	48.6	3.14	88	179
惠民街道	大通村	30.80139	121.0266	6.3	35	2.35	24.8	101
惠民街道	大通村	30.80522	121.0176	6.1	39.7	2.41	18.7	96
惠民街道	横泾桥村	30.83083	120.9628	6.7	38.5	2.24	12.9	121
惠民街道	横泾桥村	30.82722	120.9622	6.1	37.4	2.26	35.7	145
惠民街道	横泾桥村	30.82639	120.9619	6.7	20.9	1.38	18.7	146
惠民街道	横泾桥村	30.82361	120.9608	6.1	33.3	2.06	34.3	124
惠民街道	横泾桥村	30.82	120.9606	6.3	29.5	1.76	31.1	143
惠民街道	横泾桥村	30.82917	120.9619	6.5	30.9	1.85	20.6	146
惠民街道	横泾桥村	30.82347	120.9566	6.6	29.1	1.75	18.2	111
惠民街道	惠通村	30.83	121.9958	6.1	36.6	2.14	47.5	140

（续表）

镇（街道）名称	村名称	北纬	东经	pH值	有机质（g/kg）	全氮（g/kg）	有效磷（mg/kg）	速效钾（mg/kg）
惠民街道	惠通村	30.82611	121.995	6.1	36.8	2.22	43.3	169
惠民街道	惠通村	30.81806	120.9978	6	35.3	2.18	16.1	125
惠民街道	惠通村	30.82444	120.9914	6.7	18.8	1.21	19.1	201
惠民街道	惠通村	30.82	120.9922	6.1	27.6	1.78	51.9	150
惠民街道	惠通村	30.82056	120.9944	6.7	19.1	1.18	37.7	106
惠民街道	惠通村	30.81583	120.9878	6	22.2	1.47	83	104
惠民街道	惠通村	30.81889	120.99	5.8	30.3	2.08	43.5	123
惠民街道	惠通村	30.81778	120.9908	6.3	22.7	1.49	54.5	150
惠民街道	惠通村	30.81472	120.9906	6.1	32.9	1.98	38	131
惠民街道	惠通村	30.82306	120.9972	5.8	34.8	2.09	30	127
惠民街道	惠通村	30.82194	120.98	5.9	38.3	2.31	79.5	215
惠民街道	惠通村	30.83139	120.9839	6.2	17.5	1.09	51	189
惠民街道	惠通村	30.83417	120.9825	6.2	34	2.06	35.8	152
惠民街道	惠通村	30.83806	120.985	6.1	31.2	1.83	40.3	140
惠民街道	惠通村	30.81861	120.9932	5.5	20.2	1.23	24.7	106
惠民街道	惠通村	30.82381	120.9918	5.8	19.3	1.4	6	138
惠民街道	曙光村	30.8625	120.9883	6	29.5	1.82	45.6	154
惠民街道	曙光村	30.86417	120.9906	6	39.1	2.37	80.7	143
惠民街道	曙光村	30.86444	120.99	6.1	36.5	2.29	94.5	142
惠民街道	曙光村	30.8625	120.9933	5.6	31.5	2.02	54	175
惠民街道	曙光村	30.8625	120.9969	6.2	34.2	2.08	68.4	164
惠民街道	曙光村	30.85944	120.9939	5.9	35.3	2.17	50.2	112
惠民街道	曙光村	30.8575	120.9903	6.1	39.3	2.38	40.8	132
惠民街道	曙光村	30.85639	120.985	6.3	39.3	2.37	26.7	132

（续表）

镇（街道）名称	村名称	北纬	东经	pH值	有机质（g/kg）	全氮（g/kg）	有效磷（mg/kg）	速效钾（mg/kg）
惠民街道	曙光村	30.85278	120.9872	6.1	28	1.75	60.5	176
惠民街道	曙光村	30.85333	120.9839	6.3	37.5	2.22	24.8	126
惠民街道	曙光村	30.84889	120.9847	6.4	25.3	1.64	24.2	233
惠民街道	曙光村	30.84694	120.9781	5.7	38	2.21	10.8	157
惠民街道	曙光村	30.84917	120.98	5.9	20.8	0.62	14.6	145
惠民街道	曙光村	30.84139	120.9744	6.2	41.6	2.62	19.9	121
惠民街道	曙光村	30.84472	120.9789	6.1	42.3	2.59	47.1	122
惠民街道	曙光村	30.84472	120.9839	6.1	35.1	2.26	46.7	128
惠民街道	曙光村	30.84611	120.9867	6.1	32.9	1.94	52.4	98
惠民街道	曙光村	30.84028	120.9872	6.1	35.6	2.09	10.8	136
惠民街道	曙光村	30.84667	120.9931	6	39.8	2.33	9.1	118
惠民街道	曙光村	30.85	120.9947	6	33.3	2.11	28.1	123
惠民街道	曙光村	30.85	121	6	42.4	2.53	18.3	148
惠民街道	曙光村	30.85333	120.9972	6.1	35.4	2.16	30.5	137
惠民街道	曙光村	30.85611	121	5.6	36.2	2.29	42.8	144
惠民街道	曙光村	30.85639	121.0036	6.1	37.6	2.29	46	144
惠民街道	曙光村	30.85889	120.0014	5.9	34.4	2.18	32.4	96
惠民街道	曙光村	30.85278	120.9822	6.1	22.2	1.49	75.9	142
惠民街道	曙光村	30.84844	120.9887	5.4	21.9	1.27	53.3	250
惠民街道	曙光村	30.85556	121.004	6	35.5	2.18	30.3	113
惠民街道	曙光村	30.84783	120.9805	5.4	26.7	2.02	26.1	171
惠民街道	双溪村	30.80194	121.0083	5.5	47	2.84	63.1	230
惠民街道	双溪村	30.79972	121.015	6.3	41.6	2.44	48.5	134
惠民街道	双溪村	30.79694	121.0225	6.1	38.5	2.22	13.8	126

（续表）

镇（街道）名称	村名称	北纬	东经	pH值	有机质（g/kg）	全氮（g/kg）	有效磷（mg/kg）	速效钾（mg/kg）
惠民街道	双溪村	30.79694	121.0067	6.1	32.6	2.25	16.7	145
惠民街道	双溪村	30.79694	121.0125	6.4	41.6	2.47	35.1	87
惠民街道	双溪村	30.79667	121.015	6.6	30.1	1.67	37	78
惠民街道	双溪村	30.79333	121.015	6.3	53.4	3.01	19.1	104
惠民街道	双溪村	30.79111	121.0147	6.6	32.1	1.89	34.3	108
惠民街道	双溪村	30.78778	121.0189	6.4	35	2.11	39.4	109
惠民街道	双溪村	30.78333	121.0186	6.3	33	2.05	38.4	148
惠民街道	双溪村	30.78583	121.0203	6.3	46	2.82	38.3	116
惠民街道	双溪村	30.78917	121.0203	6.1	33.5	2.14	31	124
惠民街道	双溪村	30.79167	121.0192	6.3	35.3	2.16	42.1	134
惠民街道	双溪村	30.79694	121.0248	6.5	42.6	2.5	19.6	102
惠民街道	双溪村	30.79853	121.0147	6.1	46.2	2.69	18.6	90
惠民街道	王家村	30.77694	121.0061	7	23.5	1.64	37.2	144
惠民街道	王家村	30.78028	121.0081	6.1	29.4	1.8	49	199
惠民街道	王家村	30.78556	121.0083	5.7	36.1	2.31	42.1	183
惠民街道	王家村	30.78528	121.0106	7.2	20.1	2.31	16.5	123
惠民街道	王家村	30.78889	121.01	7.2	25.1	1.61	14.3	92
惠民街道	王家村	30.78917	121.0083	7	24.7	1.69	21.8	104
惠民街道	王家村	30.79139	121.01	6.2	36.3	2.11	29.4	125
惠民街道	王家村	30.79528	121.0056	7	15.1	1.01	26.2	116
惠民街道	王家村	30.79194	121.0058	6	35.8	2.35	31.5	117
惠民街道	王家村	30.79167	121.0011	6.8	25.1	1.68	25.9	112
惠民街道	王家村	30.7925	120.9992	6.8	15.9	1.16	34.1	141
惠民街道	王家村	30.79139	120.9972	6.8	19.9	1.56	77.8	134

（续表）

镇（街道）名称	村名称	北纬	东经	pH值	有机质（g/kg）	全氮（g/kg）	有效磷（mg/kg）	速效钾（mg/kg）
惠民街道	王家村	30.79333	120.9944	6.8	24.3	1.57	36.9	97
惠民街道	王家村	30.78889	120.9947	7	16.7	1.17	13.3	124
惠民街道	王家村	30.78694	120.9944	5.8	32	1.86	21.4	113
惠民街道	王家村	30.78278	120.995	6.6	33.8	2.19	32.1	166
惠民街道	王家村	30.78361	120.9933	6.6	26.9	1.87	32.2	117
惠民街道	王家村	30.77889	120.9953	6.8	30.3	2.07	42	137
惠民街道	王家村	30.77806	120.9983	6.4	34.5	2.13	8.4	137
惠民街道	王家村	30.77778	121.0022	6.6	29.9	1.89	14.5	97
惠民街道	王家村	30.78083	120.9989	5.9	35.4	2.03	9.9	108
惠民街道	王家村	30.78194	121.0031	6.6	33.4	2.21	17.4	126
惠民街道	王家村	30.78444	121.0011	6.7	19.9	1.48	34.5	108
惠民街道	王家村	30.78444	120.9986	6.8	26.3	1.85	27.4	114
惠民街道	王家村	30.78778	121.0022	5.4	22.3	1.47	75.7	133
惠民街道	王家村	30.78333	121.0042	6.8	24.1	1.72	57.7	119
惠民街道	王家村	30.78583	121.0044	6	24.5	1.66	36	121
惠民街道	王家村	30.78111	121.0061	6.2	38.7	2.38	6.2	122
惠民街道	王家村	30.78378	120.9995	5.6	30.5	1.96	21	95
惠民街道	王家村	30.792	120.9954	5.2	32.4	2.07	26.6	130
惠民街道	王家村	30.78721	121.0079	5.9	35.2	1.96	13	78
惠民街道	斜泾村	30.8225	121.0119	6.4	23.5	1.48	29.6	138
惠民街道	斜泾村	30.83222	121.0042	6.4	36.8	2.15	12.9	176
惠民街道	斜泾村	30.83028	121.0019	6.5	16.5	1.07	7.5	87
惠民街道	斜泾村	30.83639	121.0081	6	36.1	2.04	19.1	107
惠民街道	斜泾村	30.83278	121.0106	6.3	32.6	2	7.1	123

（续表）

镇（街道）名称	村名称	北纬	东经	pH值	有机质（g/kg）	全氮（g/kg）	有效磷（mg/kg）	速效钾（mg/kg）
惠民街道	斜泾村	30.83	121.0139	5.9	32.4	1.98	9.3	115
惠民街道	斜泾村	30.82611	121.0183	6.6	28.8	1.75	37.9	183
惠民街道	斜泾村	30.83	121.0219	6.3	39.2	2.36	12.5	103
惠民街道	斜泾村	30.83083	121.0072	5.9	34.6	2.05	27	135
惠民街道	斜泾村	30.82806	121.0028	6.2	41.4	2.33	16.8	96
惠民街道	斜泾村	30.83144	120.0154	6.4	38.1	2.49	13.1	107
惠民街道	斜泾村	30.82447	121.0102	5.2	23.4	1.56	36.9	130
惠民街道	新润村	30.79917	120.9994	5.5	26.3	1.71	83.5	141
惠民街道	新润村	30.7975	120.9975	6.3	32.1	1.91	25.4	126
惠民街道	新润村	30.79444	120.9975	5.5	24.3	1.59	44.8	134
惠民街道	新润村	30.8	120.9947	6.2	32.9	1.94	17.3	90
惠民街道	新润村	30.7975	120.9914	6.3	27	1.62	39.2	119
惠民街道	新润村	30.79472	120.9894	6.2	26	1.53	30.1	162
惠民街道	新润村	30.80222	120.9917	6.6	23.5	1.38	14.9	102
惠民街道	新润村	30.8	120.9881	5.9	30.2	1.86	30.2	122
惠民街道	新润村	30.80139	120.9856	6.3	36.4	2.12	15.8	97
惠民街道	新润村	30.8	120.9831	6.6	24.9	1.47	17.5	101
惠民街道	新润村	30.80333	121.9844	6.2	27.2	1.68	23.8	127
惠民街道	新润村	30.80417	120.9803	6.5	28.2	1.68	19.3	104
惠民街道	新润村	30.80667	120.9925	6	39.2	2.44	47.9	101
惠民街道	新润村	30.81083	120.6167	6.2	44.6	2.61	12.6	99
惠民街道	新润村	30.81	120.9922	6.6	33.4	2.07	13.2	72
惠民街道	新润村	30.80639	120.9908	5.6	26.2	1.63	73.4	115
惠民街道	新润村	30.80972	120.9881	6.1	41.3	2.51	18.4	129

（续表）

镇（街道）名称	村名称	北纬	东经	pH值	有机质（g/kg）	全氮（g/kg）	有效磷（mg/kg）	速效钾（mg/kg）
惠民街道	新润村	30.81056	120.9881	6.1	41.5	2.4	10.6	113
惠民街道	新润村	30.80833	120.9953	6.4	30	1.78	47.7	86
惠民街道	新润村	30.80667	120.9969	6.4	25.7	1.57	48.8	120
惠民街道	新润村	30.80444	120.9992	6.5	32	1.84	37.7	108
惠民街道	新润村	30.80778	120.9978	5.3	25.5	1.53	31.4	100
惠民街道	新润村	30.80092	120.9922	6.2	25.2	2.54	40.2	121
惠民街道	新润村	30.80667	120.9954	6	46	2.8	56.1	144
惠民街道	新润村	30.7995	120.9996	5.1	27.4	1.79	23.8	99
惠民街道	张汇村	30.83778	120.9814	6.2	42.4	2.59	15.4	114
惠民街道	张汇村	30.83639	120.9778	6.2	37.9	2.23	11.6	127
惠民街道	张汇村	30.83167	120.975	5.8	35.6	2.12	95.6	110
惠民街道	张汇村	30.83028	120.9714	6.3	19.8	1.23	45.6	122
惠民街道	张汇村	30.82972	120.9714	6.1	32.7	1.95	11.8	130
惠民街道	张汇村	30.82528	120.9686	6	32.2	1.88	19	95
惠民街道	张汇村	30.82194	120.9664	6	42.1	2.49	23.6	104
惠民街道	张汇村	30.82167	120.9694	6.2	32.2	1.88	64.5	94
惠民街道	张汇村	30.81889	120.9708	6.8	24.8	1.58	46.6	114
惠民街道	张汇村	30.82528	120.9764	6.5	28.8	1.77	19.2	107
惠民街道	张汇村	30.82444	120.9767	6.1	29.8	1.86	15	164
惠民街道	张汇村	30.82611	120.9733	6.1	35	2.15	13.7	124
惠民街道	张汇村	30.83083	120.9692	6.2	20.9	1.3	25.6	92
惠民街道	张汇村	30.8325	120.9711	6.1	37	2.23	12.6	97
惠民街道	张汇村	30.83444	120.9733	6	38.9	2.21	22.2	137
惠民街道	张汇村	30.80958	120.97	6	27.4	1.74	26.1	106

（续表）

镇（街道）名称	村名称	北纬	东经	pH值	有机质（g/kg）	全氮（g/kg）	有效磷（mg/kg）	速效钾（mg/kg）
惠民街道	张汇村	30.83831	120.978	5.9	35.5	2.3	33.1	114
惠民街道	新光村	30.87972	121.0014	6.8	35.2	2.16	7.7	113
惠民街道	新光村	30.87611	121	6	38.9	2.14	32.4	115
惠民街道	新光村	30.87306	120.9972	6.5	28	1.71	19.8	136
惠民街道	新光村	30.86972	120.995	5.9	43.7	2.56	61	98
惠民街道	新光村	30.86778	120.9964	6.2	30.4	2.01	50.8	118
惠民街道	新光村	30.86833	120.9983	6.3	29.2	1.93	49.9	130
惠民街道	新光村	30.865	120.9994	6.4	35.3	2.32	16.1	108
惠民街道	新光村	30.86333	121.0017	6.6	35.4	2.23	20.8	133
惠民街道	新光村	30.86667	121.0047	6.4	34.3	2.11	9.2	111
惠民街道	新光村	30.86278	121.0061	6.3	37.3	2.12	14.8	118
惠民街道	新光村	30.86056	121.0042	6.7	28.3	1.79	19.6	130
惠民街道	新光村	30.86028	120.0067	6.9	28.4	1.88	46.4	151
惠民街道	新光村	30.86833	121.0033	6.5	36.8	2.16	12.3	105
惠民街道	新光村	30.87028	121.0014	6.9	13.9	0.86	13	114
惠民街道	新光村	30.87167	121.0056	6.3	29.2	1.73	7.6	88
惠民街道	新光村	30.87528	121.0033	6.4	37.4	2.14	19.4	92
惠民街道	新光村	30.87806	121.0028	6.4	41.6	2.3	6.9	159
惠民街道	新光村	30.8825	121.0069	6.5	44.9	2.61	10.7	100
惠民街道	新光村	30.8775	121.0064	6.4	39.5	2.15	27.9	103
惠民街道	新光村	30.87583	121.0097	6.4	24.6	2.04	24.8	109
惠民街道	新光村	30.87694	121.0136	6.5	39.1	2.33	29.2	116
惠民街道	新光村	30.88111	121.0125	6.8	8.4	0.54	5.5	113
惠民街道	新光村	30.88333	121.0119	6.5	30.4	1.59	62.1	148

（续表）

镇（街道）名称	村名称	北纬	东经	pH值	有机质（g/kg）	全氮（g/kg）	有效磷（mg/kg）	速效钾（mg/kg）
惠民街道	新光村	30.88028	121.0089	6.5	51.4	2.72	33.8	90
惠民街道	新光村	30.86381	121.0016	6.1	34.3	2.11	17.6	128
惠民街道	新华村	30.87806	120.9978	6.2	27.3	1.7	77.5	106
惠民街道	新华村	30.87389	120.9942	6.1	26.1	1.65	31.6	132
惠民街道	新华村	30.86833	120.9883	6.3	32.8	1.8	12.7	97
惠民街道	新华村	30.86667	120.9856	6.6	27.9	1.82	23.3	172
惠民街道	新华村	30.86472	120.9844	6.4	34.2	2.12	35.9	144
惠民街道	新华村	30.86194	120.9817	5.6	33.1	2.16	90.7	188
惠民街道	新华村	30.86583	120.9872	6.6	32.5	1.92	34.2	161
惠民街道	新华村	30.87278	120.9867	6.1	32	1.95	51.9	209
惠民街道	新华村	30.87111	120.9892	6.4	29.4	1.93	33.2	124
惠民街道	新华村	30.87639	120.9903	6.4	36.5	2.24	35	171
惠民街道	新华村	30.8775	120.9892	6.4	32.6	1.8	34.8	96
惠民街道	新华村	30.88	120.99	6.1	31.7	1.85	29.5	125
惠民街道	新华村	30.88056	120.9925	6.7	35.3	2.12	34.6	146
惠民街道	新华村	30.88361	120.9972	5.8	36.3	2.3	65.7	152
惠民街道	新华村	30.88528	120.9942	6.8	34.7	2.23	60.4	104
惠民街道	新华村	30.88389	120.9911	6.6	31.4	1.89	34.5	111
惠民街道	新华村	30.88333	121.0006	6.4	46.8	2.44	50	112
惠民街道	新华村	30.8875	121.0028	6.5	43	2.58	19.6	176
惠民街道	新华村	30.89	120.9967	6.5	27.8	1.71	10.2	147
惠民街道	新华村	30.89056	120.995	6.4	38.2	2.36	33.2	168
惠民街道	新华村	30.8875	120.9919	6.7	32.1	1.93	21.4	116
惠民街道	新华村	30.87594	120.9949	6.1	30.3	1.96	38.6	145

（续表）

镇(街道)名称	村名称	北纬	东经	pH值	有机质(g/kg)	全氮(g/kg)	有效磷(mg/kg)	速效钾(mg/kg)
西塘镇	曹家浜村	30.95233	120.8143	5.5	33.9	1.75	6.2	168
西塘镇	曹家浜村	30.95186	120.8123	5.5	41.2	2.18	7.2	145
西塘镇	曹家浜村	30.95044	120.8109	5.8	35.1	2.06	4.9	95
西塘镇	曹家浜村	30.95319	120.8166	6	40.1	2.31	5.7	129
西塘镇	曹家浜村	30.95672	120.8182	6.1	43.1	2.13	17.3	135
西塘镇	翠南村	30.94119	120.8752	6.1	36	2.12	8	110
西塘镇	翠南村	30.93867	120.876	6.1	37.5	2.03	5.8	141
西塘镇	翠南村	30.93489	120.8769	6.2	39.2	1.94	16.5	115
西塘镇	翠南村	30.93439	120.8751	5.9	46.1	2.47	34	112
西塘镇	翠南村	30.93356	120.8777	7.1	39.7	2.01	29.8	153
西塘镇	翠南村	30.93072	120.8749	5.9	42	2.36	6.3	109
西塘镇	翠南村	30.92856	120.8748	6.5	43.4	2.53	6.2	124
西塘镇	翠南村	30.92556	120.8749	6.1	38.4	2.29	13.9	142
西塘镇	翠南村	30.92594	120.8734	6.3	39.7	2.13	10	156
西塘镇	翠南村	30.93347	120.8726	5.8	40.5	2.34	19.1	106
西塘镇	翠南村	30.93783	120.8723	6.3	38.5	2.19	107	200
西塘镇	翠南村	30.92764	120.8838	5.6	47.3	2.47	34.8	114
西塘镇	翠南村	30.92556	120.8838	5.9	48.1	2.7	23.1	145
西塘镇	翠南村	30.92767	120.8806	6.1	48.3	2.9	26.2	147
西塘镇	翠南村	30.92936	120.8799	6.2	38.5	2.26	152.5	148
西塘镇	翠南村	30.9315	120.88	6.8	40.9	2.45	15.9	163
西塘镇	翠南村	30.93253	120.88	6	42.3	2.41	17.9	181
西塘镇	翠南村	30.93428	120.8799	6.2	32.5	2	68.1	179
西塘镇	翠南村	30.93125	120.8828	6.4	48.6	2.68	27.2	97

（续表）

镇(街道)名称	村名称	北纬	东经	pH值	有机质(g/kg)	全氮(g/kg)	有效磷(mg/kg)	速效钾(mg/kg)
西塘镇	翠南村	30.93208	120.8834	5.9	44.5	2.57	13.6	109
西塘镇	翠南村	30.92211	120.8869	6.2	40.3	2.42	127.8	159
西塘镇	翠南村	30.92094	120.8838	6.1	41.3	2.33	10	87
西塘镇	翠南村	30.91817	120.8812	6.1	37.6	1.99	14.2	101
西塘镇	翠南村	30.91531	120.8802	5.6	32.9	1.96	25.2	115
西塘镇	翠南村	30.91361	120.8809	6.3	33.6	1.94	87.5	98
西塘镇	翠南村	30.9175	120.8831	5.4	39	2.27	99	142
西塘镇	翠南村	30.93008	120.8903	6.5	58.4	2.92	70.8	140
西塘镇	翠南村	30.93439	120.8868	6.5	37.6	2.26	13.7	136
西塘镇	翠南村	30.94136	120.8698	6.3	41.7	2.46	40.9	115
西塘镇	翠南村	30.93872	120.8698	6.2	37.2	2.24	12.7	111
西塘镇	翠南村	30.92875	120.8787	6.5	39.8	2.13	6.6	113
西塘镇	翠南村	30.92922	120.8753	6.6	36.7	1.68	31	121
西塘镇	大舜村	30.98361	120.8831	6.3	41.9	2.3	8	109
西塘镇	大舜村	30.98378	120.8809	6.3	36.2	1.84	9.2	154
西塘镇	大舜村	30.98517	120.8812	5.2	33.2	1.71	8.7	142
西塘镇	大舜村	30.98553	120.8787	5.5	31.8	1.85	6.7	137
西塘镇	大舜村	30.98556	120.8758	6	34	1.74	13.9	128
西塘镇	大舜村	30.98642	120.8745	5.1	34.4	2.03	10.8	123
西塘镇	大舜村	30.98131	120.8781	6.2	35.3	1.9	8.7	148
西塘镇	大舜村	30.98111	120.8764	5.4	42.7	2.23	9.5	156
西塘镇	大舜村	30.98322	120.8786	6.1	38.2	2.12	11	150
西塘镇	大舜村	30.98081	120.8783	5.1	39.7	2.11	17.3	130
西塘镇	大舜村	30.97942	120.8777	6.3	44.5	2.31	84.8	153

（续表）

镇(街道)名称	村名称	北纬	东经	pH值	有机质(g/kg)	全氮(g/kg)	有效磷(mg/kg)	速效钾(mg/kg)
西塘镇	大舜村	30.97769	120.8769	5.6	45.2	2.46	24.2	122
西塘镇	大舜村	30.97669	120.8844	6.8	38.6	2.06	20.3	125
西塘镇	大舜村	30.97511	120.8787	5.9	40.7	2.26	45.1	121
西塘镇	大舜村	30.97475	120.886	6	40.9	2.46	18.3	95
西塘镇	大舜村	30.97347	120.8837	6	40.5	2.14	20	98
西塘镇	大舜村	30.97081	120.8841	6.2	33.6	1.65	9	109
西塘镇	大舜村	30.96903	120.8842	6	36.6	2.02	6.7	90
西塘镇	大舜村	30.96581	120.8848	6.1	32.4	1.89	4.6	101
西塘镇	大舜村	30.9645	120.885	5.7	33.9	1.91	7.2	121
西塘镇	大舜村	30.96708	120.8853	5.6	38.1	2.57	5.5	117
西塘镇	大舜村	30.98198	120.8952	6.6	38.3	2.46	20.6	80
西塘镇	荻沼村	31.001	120.9056	5.6	47.9	2.77	20.8	121
西塘镇	荻沼村	31.13706	120.9032	6.1	32.3	1.68	22.9	138
西塘镇	荻沼村	31.00717	120.9064	6.1	48.1	2.65	124.5	419
西塘镇	荻沼村	31.00064	120.9084	6.1	46.6	2.58	23	109
西塘镇	荻沼村	30.99981	120.9116	5.6	36.8	1.98	23.9	100
西塘镇	荻沼村	30.99886	120.9114	6.1	41.1	2.32	47.1	90
西塘镇	荻沼村	30.99836	120.9051	6	62.9	3.59	135	156
西塘镇	荻沼村	30.99675	120.9067	6.1	44.9	2.73	111	118
西塘镇	荻沼村	30.99683	120.9089	6	34.3	2.59	29.8	127
西塘镇	地甸村	30.93833	120.9139	5.8	37.1	2.02	13	119
西塘镇	地甸村	30.93642	120.9093	6.1	38.3	2.76	51.3	135
西塘镇	地甸村	30.93819	120.9091	6.2	37.2	2.28	6	123
西塘镇	地甸村	30.94069	120.9132	5.7	37	2.1	16.6	123

（续表）

镇(街道)名称	村名称	北纬	东经	pH值	有机质(g/kg)	全氮(g/kg)	有效磷(mg/kg)	速效钾(mg/kg)
西塘镇	地甸村	30.94206	120.9163	6	37.9	2.19	158	217
西塘镇	地甸村	30.93792	120.9172	5.6	38.7	2.28	40.5	109
西塘镇	地甸村	30.94053	120.9202	6.2	35.4	2.11	37.8	123
西塘镇	地甸村	30.94131	120.9265	6.2	36.9	1.95	5.8	146
西塘镇	地甸村	30.94411	120.9319	5.4	36.4	2.11	11	128
西塘镇	地甸村	30.94042	120.933	5.7	45.6	2.64	51	177
西塘镇	地甸村	30.94242	120.9379	5.6	35.3	2.16	40.9	96
西塘镇	地甸村	30.93914	120.939	5.8	32.2	1.86	23.7	112
西塘镇	地甸村	30.94747	120.9356	6	41.2	2.17	17.4	107
西塘镇	地甸村	30.94453	120.9272	6	41.9	2.11	7.9	144
西塘镇	地甸村	30.94856	120.9281	6.2	36.3	2.16	8.6	115
西塘镇	地甸村	30.95194	120.9279	5.9	41.6	2.19	16.9	137
西塘镇	地甸村	30.94875	120.9258	5.7	45.5	2.62	77	157
西塘镇	地甸村	30.94667	120.9243	5.9	38.3	2.08	35.7	102
西塘镇	地甸村	30.93853	120.9363	6.4	33.6	2.69	10.3	107
西塘镇	东汇村	30.96339	120.9343	6.1	34.1	2.07	14.4	138
西塘镇	东汇村	30.96475	120.939	5.8	36.8	2.03	11.1	102
西塘镇	东汇村	30.96283	120.9041	6.1	36.3	2.2	10	125
西塘镇	东汇村	30.96175	120.9366	6.3	31.2	1.89	6.9	124
西塘镇	东汇村	30.96053	120.937	6.4	35.6	2.06	5.5	131
西塘镇	东汇村	30.96003	120.9401	5.6	35.7	2.14	21.2	107
西塘镇	东汇村	30.95697	120.9404	5.8	38.4	1.98	30.8	93
西塘镇	东汇村	30.95444	120.9397	5.3	33.1	2.05	47.1	218
西塘镇	东汇村	30.95647	120.9373	5.4	40	2.3	17.2	145

（续表）

镇(街道)名称	村名称	北纬	东经	pH值	有机质(g/kg)	全氮(g/kg)	有效磷(mg/kg)	速效钾(mg/kg)
西塘镇	东汇村	30.95769	120.9334	6	30.4	2.01	80.5	203
西塘镇	东汇村	30.95511	120.9327	5.9	36.7	2	24.8	108
西塘镇	东汇村	30.95958	120.9323	6.4	31	1.9	10.7	125
西塘镇	东汇村	30.96058	120.9261	6.2	47.3	2.92	98.5	129
西塘镇	东汇村	30.95781	120.9266	5.3	43.2	2.41	22.6	153
西塘镇	东汇村	30.95961	120.9246	5.7	34	2.03	5	128
西塘镇	东汇村	30.95811	120.9229	5.7	43.1	2.4	53	126
西塘镇	东汇村	30.9625	120.9251	5.7	38.6	1.98	41.8	110
西塘镇	东汇村	30.95669	120.9383	6.2	32.1	2.13	5.2	88
西塘镇	东汇村	30.96283	120.935	6.1	36.5	1.96	22.9	101
西塘镇	东汇村	30.96058	120.9242	6	36.7	1.93	15.9	128
西塘镇	费家村	30.97878	120.9178	5.5	41.9	2.03	20.3	85
西塘镇	费家村	30.97728	120.9157	6	36.2	2.12	23.5	99
西塘镇	费家村	30.97558	120.9149	5.7	36.3	2.48	28.5	125
西塘镇	费家村	30.97561	120.9172	5.8	37.8	2.27	20	129
西塘镇	费家村	30.9755	120.9203	6.3	28.6	1.65	18.9	136
西塘镇	费家村	30.97211	120.9175	5.7	34.8	1.82	20	127
西塘镇	费家村	30.96856	120.9189	5.3	37.4	2	24	121
西塘镇	费家村	30.98653	120.9171	6	38.1	2.11	16.7	124
西塘镇	费家村	30.96981	120.9124	5.3	37.2	2.04	24.7	143
西塘镇	费家村	30.96622	120.9124	6.2	34.8	2.02	7.2	105
西塘镇	费家村	30.96792	120.9121	5.7	34.1	1.9	5.8	124
西塘镇	费家村	30.97072	120.9104	5.5	31.9	2.01	8.1	83
西塘镇	费家村	30.96922	120.9088	5.2	35.3	2.12	32.7	130

（续表）

镇(街道)名称	村名称	北纬	东经	pH值	有机质(g/kg)	全氮(g/kg)	有效磷(mg/kg)	速效钾(mg/kg)
西塘镇	费家村	30.96953	120.9049	5.5	32.9	1.99	4.8	139
西塘镇	费家村	30.96797	120.9031	5.4	38.5	1.89	26.6	98
西塘镇	费家村	30.96572	120.8886	5.5	45.3	2.78	6.9	84
西塘镇	费家村	30.96589	120.9043	5.8	32.7	2.02	20.7	117
西塘镇	费家村	30.96361	120.9038	6.4	26.7	1.38	7.4	111
西塘镇	费家村	30.96339	120.9018	5.9	35.5	2.12	20	144
西塘镇	费家村	30.97456	120.9195	6.1	32.6	1.79	7.1	91
西塘镇	高家浜村	30.97703	120.8483	6.1	34	2.11	24.1	105
西塘镇	高家浜村	30.98128	120.8477	5.5	37.7	2.18	46.1	176
西塘镇	高家浜村	30.98108	120.8459	5.6	39.5	2.29	21.7	155
西塘镇	高家浜村	30.97889	120.8467	6.1	31	1.86	28.2	138
西塘镇	高家浜村	30.97517	120.8487	5.8	35.2	2.05	15.5	138
西塘镇	高家浜村	30.97475	120.8463	5.8	32.7	1.75	9.4	111
西塘镇	高家浜村	30.97256	120.8492	6	32.9	1.95	29	117
西塘镇	高家浜村	30.9725	120.8513	5.5	39	2.11	12.6	120
西塘镇	高家浜村	30.97436	120.8518	5.7	40.5	2.13	37.1	86
西塘镇	高家浜村	30.9745	120.8539	5.8	39.9	2.24	10.7	104
西塘镇	高家浜村	30.97536	120.8538	6.4	24.1	1.68	12.4	75
西塘镇	邝上村	30.93775	120.8581	5.8	42	2.24	30	79
西塘镇	邝上村	30.93822	120.8546	6.3	33.5	2.03	50.9	185
西塘镇	邝上村	30.93586	120.8648	5.6	42.9	2.44	26.5	119
西塘镇	邝上村	30.93536	120.8606	6.7	25.1	1.22	11	145
西塘镇	邝上村	30.93586	120.8558	5.7	39.2	2.31	19.3	69
西塘镇	邝上村	30.93475	120.8542	5.2	40.8	2.64	74.5	198

（续表）

镇(街道)名称	村名称	北纬	东经	pH值	有机质(g/kg)	全氮(g/kg)	有效磷(mg/kg)	速效钾(mg/kg)
西塘镇	邗上村	30.9385	120.859	6.5	35.5	2.13	15	122
西塘镇	邗上村	30.9404	120.8635	6.6	35	1.99	15.9	97
西塘镇	荷池村	30.93742	120.8922	6.9	26.5	1.51	42	168
西塘镇	华联村	30.94197	120.8952	6.1	41.3	2.38	37.6	137
西塘镇	华联村	30.94275	120.9028	6.2	38.6	2.1	9.5	172
西塘镇	华联村	30.94022	120.9011	5.2	46	2.97	99	336
西塘镇	华联村	30.93953	120.9045	6.3	25.4	2.69	17.4	139
西塘镇	华联村	30.93786	120.9037	6.5	40.6	2.31	135.5	155
西塘镇	华联村	30.93628	120.9062	6.1	32.8	1.9	33.6	126
西塘镇	华联村	30.94233	120.9096	6.1	26.2	1.56	53.1	154
西塘镇	华联村	30.94378	120.9121	5.6	40.2	2.15	7	114
西塘镇	华联村	30.94453	120.9143	5.9	41.2	2.34	39	154
西塘镇	华联村	30.94697	120.9156	5.5	37.9	2.44	109.5	358
西塘镇	华联村	30.94853	120.916	5.3	39.9	2.24	45.8	175
西塘镇	华联村	30.94728	120.911	6.5	32.3	1.95	38.7	112
西塘镇	华联村	30.94897	120.9147	6.1	37	2.31	16.4	142
西塘镇	华联村	30.94347	120.9056	6.1	42.5	2.62	47.1	145
西塘镇	华联村	30.94942	120.9018	5.9	40.8	2.35	19.3	109
西塘镇	华联村	30.95122	120.9028	6	37.1	2.14	6.6	97
西塘镇	华联村	30.93931	120.8911	7	42.8	2.4	44.8	113
西塘镇	华联村	30.93942	120.8922	6.5	40.7	2.48	45.2	118
西塘镇	华联村	30.93508	120.9028	6.5	31.2	1.9	21	128
西塘镇	金明村	30.96253	120.9084	6.6	41.3	2.4	18.6	157
西塘镇	金明村	30.96147	120.902	5.4	41.2	2.32	33	171

（续表）

镇(街道)名称	村名称	北纬	东经	pH值	有机质(g/kg)	全氮(g/kg)	有效磷(mg/kg)	速效钾(mg/kg)
西塘镇	金明村	30.95806	120.9018	6	34.2	2.02	11.2	171
西塘镇	金明村	30.95753	120.8948	5.6	40.5	2.23	4.6	119
西塘镇	金明村	30.96075	120.8945	6.3	36	2.24	7.6	117
西塘镇	金明村	30.95419	120.8937	6	34.2	1.93	10.8	103
西塘镇	金明村	30.95367	120.8959	6.2	40	2.38	32.7	117
西塘镇	金明村	30.95517	120.9044	5.4	35.8	2.1	10.8	122
西塘镇	金明村	30.95733	120.9104	6.6	38	1.92	22.3	91
西塘镇	金明村	30.95672	120.8986	6.3	43.3	2.52	7.5	101
西塘镇	金明村	30.95384	120.8929	5.6	36.9	1.87	13.5	118
西塘镇	礼庙村	30.93789	120.8366	6.1	45.5	2.55	9.6	112
西塘镇	礼庙村	30.93386	120.8374	5.6	45.7	2.52	12.4	139
西塘镇	礼庙村	30.93464	120.8303	5.6	43.5	2.13	5.4	119
西塘镇	礼庙村	30.93578	120.8302	6.1	43	2.1	6.4	115
西塘镇	礼庙村	30.92989	120.9912	6.2	37.8	2.18	7.3	127
西塘镇	礼庙村	30.93233	120.8436	6.1	43.9	2.42	8.4	143
西塘镇	礼庙村	30.93103	120.8485	5.8	39.4	2.31	4.4	154
西塘镇	礼庙村	30.93506	120.8409	5.9	39.1	2.05	7.8	169
西塘镇	礼庙村	30.93767	120.8405	6.2	45.1	2.31	7.9	129
西塘镇	礼庙村	30.93126	120.8409	6.3	42.8	2.24	9.3	128
西塘镇	南港村	30.97214	120.8676	5.5	30.5	1.72	11.8	146
西塘镇	南港村	30.97081	120.8682	5.5	39.1	2.22	8.7	113
西塘镇	南港村	30.96758	120.8695	5.4	41.3	2.22	32.7	115
西塘镇	南港村	30.96497	120.8708	5.8	34.5	2.1	6.8	129
西塘镇	南港村	30.96411	120.8754	5.6	38.2	2.22	19.2	164

（续表）

镇(街道)名称	村名称	北纬	东经	pH值	有机质(g/kg)	全氮(g/kg)	有效磷(mg/kg)	速效钾(mg/kg)
西塘镇	南港村	30.96469	120.8776	6	36	2.14	40.3	114
西塘镇	南港村	30.96308	120.881	6.9	39.6	2.31	13.3	132
西塘镇	南港村	30.96936	120.8779	6	36.5	2.11	25.2	156
西塘镇	南港村	30.97142	120.8745	5.4	39.2	2.26	41.1	123
西塘镇	南港村	30.97397	120.8736	6.3	38.4	2.49	29.8	110
西塘镇	南港村	30.97397	120.8672	6	41.3	2.33	17.5	78
西塘镇	南港村	30.97164	120.8682	6.1	32.8	2.07	16.2	111
西塘镇	南早村	30.97739	120.8613	6	31.4	1.91	7	117
西塘镇	南早村	30.97756	120.8597	6.4	48.8	2.55	55.6	363
西塘镇	南早村	30.97856	120.8605	5.1	38.9	2.13	10.6	95
西塘镇	南早村	30.97953	120.8584	5.7	39.6	2.1	19.9	108
西塘镇	南早村	30.97992	120.8634	5.9	34.5	1.91	11.6	108
西塘镇	南早村	30.983	120.8624	6.1	42.3	2.48	29	116
西塘镇	南早村	30.98039	120.8659	5.3	37	2.14	5.9	109
西塘镇	南早村	30.98039	120.8659	5.2	32.6	2.02	14.1	141
西塘镇	南早村	30.97733	120.8666	5.4	36	2.03	13.4	127
西塘镇	南早村	30.97739	120.8698	5.8	37.7	1.86	15.9	95
西塘镇	南早村	30.97756	120.871	7	29.4	1.74	12.4	200
西塘镇	南早村	30.97944	120.8656	6	30.5	1.74	10.1	76
西塘镇	茜墩村	30.98606	120.9048	5.8	31.5	1.72	11	116
西塘镇	茜墩村	30.98042	120.9056	6	36.9	2.03	26.5	140
西塘镇	茜墩村	30.99039	120.9041	6.2	40.9	2.19	18.3	119
西塘镇	茜墩村	30.99008	120.9061	6.2	32.3	2.3	76	148
西塘镇	茜墩村	30.98931	120.9096	5.9	33.5	1.8	19.4	125

（续表）

镇(街道) 名称	村名称	北纬	东经	pH 值	有机质 (g/kg)	全氮 (g/kg)	有效磷 (mg/kg)	速效钾 (mg/kg)
西塘镇	茜墩村	30.98989	120.9114	6	27.8	1.53	31	102
西塘镇	茜墩村	30.99	120.9133	6.5	37.1	1.9	120.5	241
西塘镇	茜墩村	30.98836	120.9135	5.8	28.6	1.62	19.9	139
西塘镇	茜墩村	30.98547	120.9136	5.1	37.2	1.91	20	151
西塘镇	茜墩村	30.98408	120.9138	5.8	35.8	2.04	15.2	103
西塘镇	茜墩村	30.98411	120.9153	5.9	35.9	2.09	23.3	108
西塘镇	茜墩村	30.99025	120.9018	6	39.7	2.45	16.4	97
西塘镇	茜墩村	30.99178	120.8993	6.4	24.4	1.54	27.8	110
西塘镇	茜墩村	30.98414	120.9133	5.9	37.1	2.2	17.4	91
西塘镇	茜墩村	30.99	120.9021	6	32.9	1.74	27.1	133
西塘镇	三成村	30.97403	120.8591	6.7	34.3	1.84	2.6	134
西塘镇	三成村	30.97425	120.8629	6	33.6	1.98	8.5	131
西塘镇	三成村	30.97072	120.8649	6.2	46.6	2.57	12.7	159
西塘镇	三成村	30.97181	120.8647	5.9	34.9	2	5.7	100
西塘镇	三成村	30.96789	120.8612	5.7	38.1	2.11	6.5	120
西塘镇	三成村	30.96625	120.8647	5.1	38.7	2.16	8.7	136
西塘镇	三成村	30.96328	120.8645	6.6	40	2.5	212	262
西塘镇	三成村	30.96186	120.8626	7	43.1	2.6	191.5	291
西塘镇	三成村	30.93839	120.8631	5.9	35.7	2.16	16.2	106
西塘镇	三成村	30.97056	120.8586	6.2	41.1	2.7	206	345
西塘镇	三成村	30.96892	120.8552	6.4	36.9	2.23	17.5	153
西塘镇	三成村	30.96097	120.869	5.8	39.4	2.23	11.8	167
西塘镇	三成村	30.96544	120.8651	6	33.6	2.18	12.9	121
西塘镇	沈道村	30.95697	120.869	5.5	37.1	2.23	17.3	104

（续表）

镇(街道)名称	村名称	北纬	东经	pH值	有机质(g/kg)	全氮(g/kg)	有效磷(mg/kg)	速效钾(mg/kg)
西塘镇	沈道村	30.95619	120.8622	5.7	35.7	2.08	19.5	123
西塘镇	沈道村	30.95042	120.8607	6.6	32.4	2.24	24	100
西塘镇	沈道村	30.957	120.8692	6.8	32.6	2.13	28.5	147
西塘镇	沈道村	30.95054	120.8724	7	37.1	2.35	16	188
西塘镇	四昌村	30.98842	120.8475	6.2	43.7	2.48	10.7	99
西塘镇	四昌村	30.98719	120.8465	5.7	36	2.1	5.6	82
西塘镇	四昌村	30.98681	120.8486	5.6	32	1.92	10.1	93
西塘镇	四昌村	30.98878	120.8507	5.9	21.6	1.35	51	145
西塘镇	四昌村	30.99011	120.8504	5.5	36.5	2.09	10.9	95
西塘镇	四昌村	30.98669	120.8531	5.9	33.9	1.91	5.4	109
西塘镇	四昌村	30.98478	120.8544	6.2	31.2	2.04	138.5	190
西塘镇	四昌村	30.98883	120.8601	6.2	25.8	1.61	29.7	140
西塘镇	四昌村	30.98825	120.8596	5.2	37.1	2.14	8.7	116
西塘镇	四昌村	30.98853	120.851	6.6	20	1.38	27	111
西塘镇	汤家浜村	30.94375	120.8212	6.3	35.8	2.24	4.3	136
西塘镇	汤家浜村	30.94461	120.8153	6.3	41	2.29	18	138
西塘镇	汤家浜村	30.94489	120.8134	5.5	44.5	2.47	10.5	132
西塘镇	汤家浜村	30.94672	120.8152	5.9	42.2	2.43	22.7	139
西塘镇	汤家浜村	30.94867	120.8022	6.2	47.9	2.45	73.5	135
西塘镇	汤家浜村	30.94925	120.8206	5.8	36.5	2.17	19.1	105
西塘镇	汤家浜村	30.94783	120.8227	5.9	38.7	2.13	8	109
西塘镇	汤家浜村	30.94464	120.8286	5.9	48	2.44	9.8	131
西塘镇	汤家浜村	30.94353	120.8277	6	41.5	2.42	13.5	153
西塘镇	汤家浜村	30.94497	120.8224	6.3	37.9	2.35	8	100

（续表）

镇(街道)名称	村名称	北纬	东经	pH值	有机质(g/kg)	全氮(g/kg)	有效磷(mg/kg)	速效钾(mg/kg)
西塘镇	卫红村	30.94	120.8175	5.4	44	2.34	5.3	116
西塘镇	卫红村	30.93861	120.8169	5.7	37.7	2.15	3.8	122
西塘镇	卫红村	30.92	120.8169	6.5	40.8	2.21	4.3	187
西塘镇	卫红村	30.9375	120.8147	6.2	30.9	1.72	4.3	155
西塘镇	卫红村	30.93778	120.8128	5.9	33.6	2.04	5.4	112
西塘镇	卫红村	30.93667	120.8117	5.9	39.9	2.2	17.6	101
西塘镇	卫红村	30.93417	120.8136	6.1	32.9	1.84	4.3	181
西塘镇	卫红村	30.93306	120.8172	6.1	51.4	2.71	6.2	116
西塘镇	卫红村	30.93417	120.8161	6.1	41	2.39	8.6	172
西塘镇	卫红村	30.93056	120.8147	6.1	39.3	2.08	6.1	116
西塘镇	卫红村	30.93056	120.8119	6	35.7	1.99	6.2	140
西塘镇	卫红村	30.93139	120.81	5.8	39.5	2.19	8.4	114
西塘镇	卫红村	30.93194	120.8061	6	32.8	1.88	5.7	108
西塘镇	卫红村	30.93306	120.8075	5.5	46.3	2.49	5.5	192
西塘镇	卫红村	30.93472	120.8086	5.8	40.1	2.09	5.7	148
西塘镇	卫红村	30.937	120.8093	6	34.9	1.99	7.9	131
西塘镇	卫红村	30.93983	120.8097	5.9	41.2	2.26	6.4	113
西塘镇	卫红村	30.93967	120.8138	5.8	45.2	2.37	6	124
西塘镇	卫红村	30.941	120.8203	6.1	36.3	1.99	9.1	96
西塘镇	卫红村	30.94158	120.8231	5.8	41.7	2.35	25	121
西塘镇	卫红村	30.93783	120.8177	5.8	40.9	2.18	5.4	100
西塘镇	卫红村	30.93647	120.8063	5.9	37.9	2.11	12.2	133
西塘镇	卫红村	30.93962	120.815	6.2	41.9	2.07	3.7	118
西塘镇	下甸庙村	30.9395	120.8396	6.2	44.8	2.34	4.1	116

（续表）

镇(街道)名称	村名称	北纬	东经	pH值	有机质(g/kg)	全氮(g/kg)	有效磷(mg/kg)	速效钾(mg/kg)
西塘镇	下甸庙村	30.93828	120.8405	6.2	42	2.42	9.5	118
西塘镇	下甸庙村	30.93597	120.8416	6.3	49.4	2.64	5.9	130
西塘镇	下甸庙村	30.93911	120.8438	6.1	49.1	2.75	8.4	86
西塘镇	下甸庙村	30.93847	120.8344	6.1	39.6	2.26	19.5	116
西塘镇	下甸庙村	30.94397	120.8424	6.3	38.9	1.99	6.3	108
西塘镇	下甸庙村	30.94378	120.7583	6.2	36.6	2.01	7.5	106
西塘镇	下甸庙村	30.94758	120.8324	6	46.7	2.6	22	119
西塘镇	下甸庙村	30.94711	120.8371	5.7	45.2	2.55	5.5	118
西塘镇	下甸庙村	30.95183	120.8402	6	47.7	2.58	11.2	95
西塘镇	下甸庙村	30.952	120.8432	6.2	59.2	3.08	15.3	117
西塘镇	下甸庙村	30.95706	120.8519	5.6	48.1	2.45	6.1	124
西塘镇	下甸庙村	30.95519	120.852	5.8	45.8	2.22	7.8	142
西塘镇	下甸庙村	30.95372	120.8525	6	41.5	2.2	6.6	140
西塘镇	下甸庙村	30.95311	120.8538	6.2	41.5	2.04	6.1	116
西塘镇	下甸庙村	30.95183	120.8516	6.1	52.2	2.77	9.9	127
西塘镇	下甸庙村	30.94683	120.8545	6.6	32.4	1.97	9.5	126
西塘镇	下甸庙村	30.94294	120.8355	6.2	41.2	2.35	4.7	97
西塘镇	新胜村	30.95686	120.8277	5.9	45	2.51	15.1	96
西塘镇	新胜村	30.95614	120.8238	6.1	50.1	2.92	11.4	115
西塘镇	新胜村	30.95731	120.8298	5.4	37.4	2.35	211.5	442
西塘镇	新胜村	30.96208	120.7279	6.1	39.1	2.34	5.7	106
西塘镇	新胜村	30.96167	120.8292	6.3	47	2.57	12.9	112
西塘镇	新胜村	30.96267	120.8301	6	43.4	2.21	6.2	93
西塘镇	新胜村	30.96	120.832	6.6	41.1	2.21	3	140

（续表）

镇(街道)名称	村名称	北纬	东经	pH值	有机质(g/kg)	全氮(g/kg)	有效磷(mg/kg)	速效钾(mg/kg)
西塘镇	新胜村	30.96147	120.8346	6.2	36.9	2.02	5.3	131
西塘镇	新胜村	30.95397	120.827	6.1	47	2.83	7.6	130
西塘镇	新胜村	30.95303	120.8266	6.2	42.5	2.06	5.5	115
西塘镇	新胜村	30.95297	120.8254	6	42.4	2.34	5.8	146
西塘镇	新胜村	30.95258	120.8235	5.6	41	2.24	7.8	124
西塘镇	新胜村	30.95406	120.8285	6	35.8	2.11	8.8	94
西塘镇	新胜村	30.95214	120.8232	6.5	37.4	2.07	8.5	93
西塘镇	星建村	30.975	120.839	6.3	31.5	1.76	4.1	129
西塘镇	星建村	30.97567	120.8412	5.9	37	2.12	6.4	103
西塘镇	星建村	30.97267	120.8371	5.6	40.8	2.27	5.4	102
西塘镇	星建村	30.97253	120.8402	6	35.6	2.05	5.8	186
西塘镇	星建村	30.97431	120.8416	5.5	34.6	1.88	4	97
西塘镇	星建村	30.98875	120.838	5.9	36.2	2.03	13	104
西塘镇	星建村	30.88686	120.8399	5.9	36.3	2.17	5.7	127
西塘镇	星建村	30.97039	120.8447	5.8	38.3	2.31	16.5	101
西塘镇	星建村	30.97006	120.8421	6	34.7	2.11	5.6	114
西塘镇	星建村	30.96908	120.8419	5.6	43	2.46	5.1	142
西塘镇	星建村	30.96706	120.8428	5.9	34.1	2.01	7.6	128
西塘镇	星建村	30.96686	120.8407	5.9	37.1	2.21	4.9	121
西塘镇	星建村	30.96856	120.8393	5.6	44.1	2.56	6.5	145
西塘镇	星建村	30.96439	120.8394	5.9	45.5	2.09	3.6	100
西塘镇	星建村	30.96589	120.8342	5.7	38.4	1.99	4.6	96
西塘镇	星建村	30.96247	120.8444	5.6	40.4	2.03	5.3	153
西塘镇	星建村	30.95964	120.8434	5.8	39.7	2.05	5.4	147

（续表）

镇(街道)名称	村名称	北纬	东经	pH值	有机质(g/kg)	全氮(g/kg)	有效磷(mg/kg)	速效钾(mg/kg)
西塘镇	星建村	30.96011	120.841	5.7	41.6	2.27	5.4	118
西塘镇	星建村	30.95883	120.8388	5.8	47.5	2.57	5.3	132
西塘镇	星建村	30.96003	120.8432	6.4	41.4	2.49	0.5	120
西塘镇	鸦鹊村	30.99761	120.8771	6.3	14	0.88	6.3	80
西塘镇	鸦鹊村	31.00136	120.8768	5.9	35.2	2.18	10.9	92
西塘镇	鸦鹊村	31.00142	120.8811	6	37.6	2.29	42.6	134
西塘镇	鸦鹊村	30.99856	120.8832	5.5	39.9	2.5	28.9	106
西塘镇	鸦鹊村	30.99875	120.8809	5.9	45.5	2.66	18.6	183
西塘镇	鸦鹊村	30.99631	120.8812	5.4	37.1	2.19	12.3	125
西塘镇	鸦鹊村	30.99617	120.8826	5.3	34.6	2.09	15.3	128
西塘镇	鸦鹊村	30.99581	120.8845	5.4	34.6	2.09	13.7	107
西塘镇	鸦鹊村	30.99642	120.8793	5.9	34.4	2.12	16.7	96
西塘镇	鸦鹊村	30.99653	120.8779	5.9	40.1	1.98	7.7	67
西塘镇	鸦鹊村	30.99392	120.877	5.3	39.7	2.35	7.7	138
西塘镇	鸦鹊村	30.99225	120.8751	5.6	35.2	2.25	10.6	105
西塘镇	鸦鹊村	30.99094	120.8731	6.3	32.9	2.01	15.4	133
西塘镇	鸦鹊村	30.99036	120.8683	6.1	35.3	2.06	16.2	126
西塘镇	鸦鹊村	30.9905	120.8659	5.5	35.7	1.92	3.4	118
西塘镇	鸦鹊村	30.99189	120.8658	5.9	35.9	2.2	6.7	144
西塘镇	鸦鹊村	30.99311	120.8657	5.1	47.7	2.58	6.6	121
西塘镇	鸦鹊村	30.99347	120.8649	5.8	32.5	1.75	12	139
西塘镇	鸦鹊村	30.99331	120.8676	6.6	37	2.15	49.9	107
西塘镇	鸦鹊村	30.99269	120.8702	5.6	32.4	2.06	13.8	116
西塘镇	鸦鹊村	30.98794	120.8615	5.4	35.2	2.07	59.8	114

（续表）

镇(街道)名称	村名称	北纬	东经	pH值	有机质(g/kg)	全氮(g/kg)	有效磷(mg/kg)	速效钾(mg/kg)
西塘镇	鸦鹊村	30.98706	120.8662	6	33.1	1.93	4.3	133
西塘镇	鸦鹊村	30.98983	120.8659	5.9	33.2	2.03	7.8	147
西塘镇	鸦鹊村	30.98778	120.8691	5.9	32.6	1.89	16.2	118
西塘镇	鸦鹊村	30.96922	120.8688	6.5	43.9	2.54	42	162
西塘镇	鸦鹊村	30.98853	120.8719	6.4	34.3	2.02	9.4	103
西塘镇	鸦鹊村	31.00186	120.8867	5.7	31.2	1.9	19.9	90
西塘镇	鸦鹊村	30.99085	120.8738	6.2	33.4	1.96	24.3	140
西塘镇	钟葫村	31.00947	120.8972	5.6	37	1.89	49.3	117
西塘镇	钟葫村	31.01419	120.9297	5.9	38	2.22	43.2	131
西塘镇	钟葫村	31.01408	120.8971	5.9	42	2.6	19.8	96
西塘镇	钟葫村	31.01597	120.8963	5.6	32.7	1.74	7	106
西塘镇	钟葫村	31.01758	120.8961	5.1	39.7	2.06	8	109
西塘镇	钟葫村	31.00428	120.8979	6.2	49.3	2.72	87	119
西塘镇	钟葫村	31.00175	120.8981	5	44.8	2.39	65.4	124
西塘镇	钟葫村	31.00078	120.8985	5.9	33.4	2.08	36	140
西塘镇	钟葫村	31.00008	120.8987	6.2	37.5	2.4	75.5	105
西塘镇	钟葫村	30.99781	120.8985	5.6	41.6	2.51	65	133
西塘镇	钟葫村	30.99708	120.8954	6.7	44.5	2.49	47.2	97
西塘镇	钟葫村	30.99964	120.8958	6.6	38.2	2.23	59	117
西塘镇	钟葫村	31.00114	120.8954	5.8	29.3	1.75	71	154
西塘镇	钟葫村	30.99603	120.8998	5.7	38.4	2.36	62	74
西塘镇	钟葫村	31.0095	120.8966	6.1	32.9	1.9	13.5	91
西塘镇	钟葫村	31.00043	120.8984	5.7	38.4	2.02	16.8	107

（续表）

镇(街道)名称	村名称	北纬	东经	pH值	有机质(g/kg)	全氮(g/kg)	有效磷(mg/kg)	速效钾(mg/kg)
姚庄镇	北港村	31.00083	120.9233	5.7	32.7	2.23	102.5	199
姚庄镇	北港村	31.00028	120.9303	5.9	30.3	2.02	32.0	154
姚庄镇	北港村	30.99861	120.9219	5.3	36.8	2.64	27.0	282
姚庄镇	北港村	30.99611	120.9286	5.7	38.1	2.4	58.4	127
姚庄镇	北港村	30.99583	120.9353	5.7	49	1.74	17.9	121
姚庄镇	北港村	30.99417	120.9286	5.6	36.9	2.14	20.5	141
姚庄镇	北港村	30.98917	120.9236	5.7	38.9	2.26	19.6	101
姚庄镇	北港村	30.99944	120.9161	5.8	31.8	1.89	19.1	100
姚庄镇	北港村	31.001	120.9244	5.7	34.5	2.21	81.8	201
姚庄镇	北港村	30.99567	120.9271	6.4	24.3	1.51	21.0	210
姚庄镇	北港村	31.00061	120.9226	6.7	34.5	2.18	78.0	278
姚庄镇	北港村	31.00383	120.9255	6.3	34.5	2.13	51.4	164
姚庄镇	北港村	30.99593	120.9293	5.9	38.6	2.16	13.5	70
姚庄镇	沉香村	31.00528	120.9553	5.8	33.5	2.02	28.7	164
姚庄镇	沉香村	31.00083	120.9503	5.8	32.7	2.15	55.0	105
姚庄镇	沉香村	31.0025	120.9569	5.1	36.1	2.16	28.4	110
姚庄镇	沉香村	31.00167	120.9536	5.3	40.2	2.54	37.9	332
姚庄镇	沉香村	31	120.9572	4.9	38.8	2.71	312.5	738
姚庄镇	沉香村	30.9975	120.9558	4.8	47	3.27	432.5	329
姚庄镇	沉香村	30.99917	120.9542	5.8	31.1	2.06	49.0	155
姚庄镇	沉香村	30.99389	120.9472	5.7	39.5	3.32	40.8	105
姚庄镇	沉香村	31.00278	120.9608	5.9	41.6	2.68	67.5	160
姚庄镇	沉香村	31	120.9611	5.2	38.8	2.38	56.5	131
姚庄镇	沉香村	30.99722	120.9633	5.9	33.3	2.32	76.0	250

（续表）

镇(街道)名称	村名称	北纬	东经	pH值	有机质(g/kg)	全氮(g/kg)	有效磷(mg/kg)	速效钾(mg/kg)
姚庄镇	沉香村	30.99722	120.9644	6.0	37.8	2.29	19.2	121
姚庄镇	沉香村	31.00111	120.9647	5.8	38.8	2.3	71.0	140
姚庄镇	沉香村	30.99778	120.9572	5.5	33.5	2.53	232.5	604
姚庄镇	沉香村	30.99556	120.9497	5.7	32.6	1.91	30.9	128
姚庄镇	沉香村	30.99917	120.9714	6.1	43	2.41	7.5	107
姚庄镇	沉香村	30.995	120.9636	5.6	30.7	1.99	69.5	123
姚庄镇	沉香村	31.00033	120.957	6.5	20.9	1.46	15.4	111
姚庄镇	沉香村	30.99972	120.9649	6.2	33.4	1.74	10.3	117
姚庄镇	沉香村	31.00122	120.9554	6.0	37.1	2.11	20.1	102
姚庄镇	池雷村	30.99389	120.9903	5.5	33.7	1.94	31.4	99
姚庄镇	池雷村	30.98861	120.9925	5.7	35.7	2.12	14.7	119
姚庄镇	池雷村	30.99167	120.9903	5.6	38.3	1.93	11.1	109
姚庄镇	池雷村	30.98861	120.9864	5.6	34.1	2.12	19.9	116
姚庄镇	池雷村	30.98472	120.9872	5.7	37.7	2.17	14.0	120
姚庄镇	池雷村	30.98909	120.9857	6.3	26.4	1.51	17.3	78
姚庄镇	丁栅村	31.00611	120.9311	5.7	31	1.87	28.7	113
姚庄镇	丁栅村	31.00583	120.9361	5.6	23.7	1.51	46.7	113
姚庄镇	丁栅村	30.99861	120.9378	6.2	29.1	1.81	19.4	143
姚庄镇	丁栅村	30.99722	120.9383	5.6	32.7	2.13	26.6	173
姚庄镇	丁栅村	30.99944	120.9389	5.8	38.6	2.49	76.0	195
姚庄镇	丁栅村	30.99639	120.9394	5.4	35.1	2.16	4.9	128
姚庄镇	丁栅村	30.99111	120.9444	5.8	38.5	2.28	15.7	107
姚庄镇	丁栅村	30.99	120.9486	5.6	31.9	1.86	55.9	106
姚庄镇	丁栅村	30.98861	120.9453	5.0	45.1	3.09	96.0	297

（续表）

镇(街道)名称	村名称	北纬	东经	pH值	有机质(g/kg)	全氮(g/kg)	有效磷(mg/kg)	速效钾(mg/kg)
姚庄镇	丁栅村	30.99	120.9578	5.8	48	2.65	26.0	106
姚庄镇	丁栅村	30.98722	120.9581	5.8	43.3	2.68	42.2	127
姚庄镇	丁栅村	30.98667	120.9544	5.5	38.9	2.13	43.4	132
姚庄镇	丁栅村	30.98444	120.9486	5.8	32.8	2.08	25.9	94
姚庄镇	丁栅村	30.98911	120.9462	6.1	37.8	2.06	22.9	96
姚庄镇	丁栅村	30.9855	120.9483	6.3	37.1	2.07	41.1	88
姚庄镇	华东村	30.99167	120.9633	5.9	30.9	1.91	39.4	116
姚庄镇	华东村	30.98861	120.9622	5.5	35.4	2.01	8.1	121
姚庄镇	华东村	30.98389	120.9544	5.8	33.3	2.05	14.7	113
姚庄镇	华东村	30.98028	120.9522	5.6	36.1	2.08	12.8	119
姚庄镇	华东村	30.98167	120.9606	5.3	25	1.6	16.0	122
姚庄镇	华东村	30.97944	120.9658	5.8	34.6	2.1	7.7	218
姚庄镇	华东村	30.97901	120.9658	5.6	39.1	1.85	22.0	95
姚庄镇	界泾港村	30.98722	120.9297	5.7	43.2	3.06	196.0	364
姚庄镇	界泾港村	30.98611	120.9289	6.0	48.5	3.13	40.5	308
姚庄镇	界泾港村	30.985	120.9311	6.5	37.5	2.37	183.5	258
姚庄镇	界泾港村	30.98222	120.9339	5.5	29	1.86	16.4	161
姚庄镇	界泾港村	30.98056	120.9289	5.8	42.7	2.77	143.5	331
姚庄镇	界泾港村	30.98472	120.9331	5.1	39.3	3.1	174.5	364
姚庄镇	界泾港村	30.98333	120.9375	6.1	31.5	1.97	76.5	162
姚庄镇	界泾港村	30.97667	120.9272	6.0	37.9	2.38	34.8	120
姚庄镇	界泾港村	30.97861	120.9386	6.4	30.6	1.72	38.5	126
姚庄镇	界泾港村	30.97722	120.9353	6.3	50.7	3.14	152.5	268
姚庄镇	界泾港村	30.97417	120.9269	6.3	37.8	2.17	67.5	257

（续表）

镇(街道)名称	村名称	北纬	东经	pH值	有机质(g/kg)	全氮(g/kg)	有效磷(mg/kg)	速效钾(mg/kg)
姚庄镇	界泾港村	30.9725	120.9311	5.8	35.1	2.2	154.5	252
姚庄镇	界泾港村	30.9725	120.9378	5.6	34.7	2.05	10.5	110
姚庄镇	界泾港村	30.96861	120.9275	4.9	29.3	1.81	78.0	205
姚庄镇	界泾港村	30.97667	120.9272	6.1	39.8	2.39	44.9	165
姚庄镇	界泾港村	30.97611	120.9406	6.2	34.5	2.34	89.5	303
姚庄镇	界泾港村	30.98828	120.9317	6.2	31.0	1.90	93.0	334
姚庄镇	界泾港村	30.97644	120.9387	6.2	34.1	2.13	54.2	194
姚庄镇	界泾港村	30.9743	120.9346	6.9	18.6	1.12	65.0	159
姚庄镇	金星村	31.01417	120.9783	6.1	35.1	2.31	13.8	155
姚庄镇	金星村	31.01306	120.9758	6.1	35.7	2.18	42.8	113
姚庄镇	金星村	31.005	120.9678	5.8	33.9	1.98	32.2	136
姚庄镇	金星村	31.00889	120.9719	5.2	31.2	1.8	12.5	114
姚庄镇	金星村	31.00917	120.9778	5.7	39.4	2.28	13.7	105
姚庄镇	金星村	31.01	120.9856	5.8	38.3	2.26	27.3	108
姚庄镇	金星村	31.00694	120.9814	5.7	35.1	2.15	27.1	109
姚庄镇	金星村	31.005	120.9742	5.9	34.1	2.16	61.5	156
姚庄镇	金星村	31.00528	120.9789	6.0	34	2.03	21.9	119
姚庄镇	金星村	31.0025	120.9842	5.8	38.6	2.31	21.0	148
姚庄镇	金星村	31.00904	120.9782	5.9	33.4	1.68	8.8	81
姚庄镇	星火村	31.01083	120.9169	5.9	28.8	2.14	108.0	170
姚庄镇	星火村	31.01139	120.9269	5.9	41.9	2.7	141.5	170
姚庄镇	星火村	31.01056	120.9244	5.7	37.5	2.48	130.0	187
姚庄镇	星火村	31.01028	120.9197	5.8	37.7	2.37	115.5	120
姚庄镇	星火村	31.00667	120.9239	5.6	26.4	1.77	87.5	142

（续表）

镇(街道)名称	村名称	北纬	东经	pH值	有机质(g/kg)	全氮(g/kg)	有效磷(mg/kg)	速效钾(mg/kg)
姚庄镇	星火村	31.00639	120.9172	6.1	32.8	2.09	119.0	170
姚庄镇	星火村	31.00417	120.9172	6.0	30.6	1.98	91.0	172
姚庄镇	星火村	31.01142	120.9236	6.2	30.3	1.96	45.8	121
姚庄镇	星火村	31.01175	120.9151	6.2	36.9	2.41	44.8	120
姚庄镇	星火村	31.00689	120.919	6.2	36.0	2.16	46.3	112
姚庄镇	银水庙村	31.0275	120.9467	6.0	27.9	1.87	104.5	197
姚庄镇	银水庙村	31.01194	120.9467	5.7	31.3	1.75	10.9	102
姚庄镇	银水庙村	31.01361	120.9606	5.7	25.3	1.7	18.7	164
姚庄镇	银水庙村	31.00944	120.9464	5.5	26.4	1.52	22.7	113
姚庄镇	银水庙村	31.00722	120.9553	5.8	34.3	2.11	22.3	219
姚庄镇	银水庙村	31.02956	120.9506	5.9	30.7	2.63	54.7	141
姚庄镇	银水庙村	31.02539	120.9508	6.0	25.7	1.79	33.6	190
姚庄镇	俞北村	30.99167	120.9775	6.2	30.4	1.87	11.0	107
姚庄镇	俞北村	30.99	120.9717	5.9	30	1.73	11.7	109
姚庄镇	俞北村	30.98694	120.9703	5.9	38.1	2.25	39.9	170
姚庄镇	俞北村	30.98778	120.9739	5.7	41.3	2.28	29.0	262
姚庄镇	俞北村	30.98694	120.9689	5.8	31.4	1.95	19.0	110
姚庄镇	俞北村	30.98611	120.9769	5.4	40.2	2.11	4.6	122
姚庄镇	俞北村	30.98389	120.9686	6.1	35.2	2.09	69.0	157
姚庄镇	俞北村	30.98417	120.9733	5.9	34.3	2.06	6.8	140
姚庄镇	俞北村	30.98167	120.9733	6.1	37.3	2.18	8.4	129
姚庄镇	俞北村	30.98278	120.9694	5.6	37.6	2.19	9.8	158
姚庄镇	俞北村	30.98167	120.9656	5.0	35.4	2	4.5	124
姚庄镇	俞北村	30.98028	120.9689	5.5	35.2	2.11	17.7	176

（续表）

镇(街道)名称	村名称	北纬	东经	pH值	有机质(g/kg)	全氮(g/kg)	有效磷(mg/kg)	速效钾(mg/kg)
姚庄镇	俞北村	30.99056	120.973	5.5	35.9	1.82	8.9	77
姚庄镇	俞汇村	30.98167	120.9931	5.7	32.6	1.96	28.7	138
姚庄镇	俞汇村	30.97861	120.9933	6.1	29.8	1.78	19.2	106
姚庄镇	俞汇村	30.97639	120.9928	5.9	32.5	2.08	45.6	128
姚庄镇	俞汇村	30.97639	120.9847	5.9	32.7	1.91	19.5	128
姚庄镇	俞汇村	30.97361	120.9672	5.8	38.9	2.34	4.7	139
姚庄镇	俞汇村	30.9675	120.9617	5.9	43.6	2.56	30.5	133
姚庄镇	俞汇村	30.96639	120.9658	5.8	35.9	2.25	9.6	125
姚庄镇	俞汇村	30.96472	120.9756	5.9	28.5	1.84	35.2	124
姚庄镇	俞汇村	30.96306	120.965	5.8	39.8	2.31	26.3	115
姚庄镇	俞汇村	30.96056	120.9675	6.0	39.1	2.42	20.3	144
姚庄镇	俞汇村	30.96472	120.9808	5.8	35	2.14	23.5	92
姚庄镇	俞汇村	30.96333	120.9883	5.9	39.5	2.51	42.6	188
姚庄镇	俞汇村	30.96531	120.9753	6.1	34.5	2.03	15.9	88
姚庄镇	俞汇村	30.97867	120.9904	5.9	27.4	1.96	12.1	88
姚庄镇	中联村	30.97444	120.9528	5.7	38.6	2.45	43.5	184
姚庄镇	中联村	30.97083	120.9511	5.8	33	2.02	14.9	105
姚庄镇	中联村	30.96806	120.9517	5.8	41.8	2.63	28.0	145
姚庄镇	中联村	30.96778	120.9486	5.9	45.9	2.76	53.3	173
姚庄镇	中联村	30.96472	120.9531	5.7	39.2	2.35	13.1	109
姚庄镇	中联村	30.96583	120.945	6.2	32.7	1.97	4.2	120
姚庄镇	中联村	30.96194	120.945	5.9	42.1	2.52	44.5	112
姚庄镇	中联村	30.96306	120.9519	6.2	35.4	2.14	32.5	130
姚庄镇	中联村	30.96194	120.9472	5.6	37.8	2.26	10.6	118

（续表）

镇（街道）名称	村名称	北纬	东经	pH值	有机质（g/kg）	全氮（g/kg）	有效磷（mg/kg）	速效钾（mg/kg）
姚庄镇	中联村	30.96306	120.9556	5.6	36.4	2.32	19.1	179
姚庄镇	中联村	30.96687	120.95	6.2	34.8	1.74	9.8	118
姚庄镇	北鹤村	30.95389	120.9472	6.0	45.0	2.68	70.1	181
姚庄镇	北鹤村	30.95389	120.9478	7.0	27.1	1.48	18.0	169
姚庄镇	北鹤村	30.95611	120.9469	6.2	22.8	1.45	18.2	166
姚庄镇	北鹤村	30.95611	120.9478	6.6	22.6	1.34	12.0	200
姚庄镇	北鹤村	30.95083	120.9392	6.2	34.4	2.05	8.0	103
姚庄镇	北鹤村	30.95361	120.9397	6.2	40.2	2.38	22.7	101
姚庄镇	北鹤村	30.95028	120.9428	6.5	35.3	2.15	189.5	273
姚庄镇	北鹤村	30.94944	120.9436	6.4	38.9	2.23	61.2	155
姚庄镇	北鹤村	30.95167	120.9503	6.8	22.8	1.40	25.5	186
姚庄镇	北鹤村	30.95	120.9522	6.0	39.1	2.45	35.5	283
姚庄镇	北鹤村	30.95028	120.9567	6.3	44.7	2.35	32.2	125
姚庄镇	北鹤村	30.95583	120.9558	6.1	32.7	2.00	13.9	123
姚庄镇	北鹤村	30.94472	120.9486	6.5	40.1	2.38	22.7	114
姚庄镇	北鹤村	30.94472	120.9475	6.1	36.2	2.14	10.8	111
姚庄镇	北鹤村	30.94528	120.9461	6.9	45.6	2.59	83.0	127
姚庄镇	北鹤村	30.94444	120.9444	6.8	21.4	1.35	20.3	168
姚庄镇	北鹤村	30.94278	120.9533	6.7	21.4	1.32	16.2	186
姚庄镇	北鹤村	30.9425	120.9478	6.4	41.0	2.45	15.0	99
姚庄镇	北鹤村	30.94833	120.9472	6.1	27.4	1.20	26.4	193
姚庄镇	北鹤村	30.95278	120.945	6.1	57.2	2.45	63.5	128
姚庄镇	北鹤村	30.95442	120.9447	6.4	27.2	1.65	22.9	322
姚庄镇	北鹤村	30.94928	120.9506	6.2	41.2	2.46	13.0	146

（续表）

镇(街道)名称	村名称	北纬	东经	pH值	有机质(g/kg)	全氮(g/kg)	有效磷(mg/kg)	速效钾(mg/kg)
姚庄镇	北鹤村	30.95622	120.9462	6.5	36.4	2.02	67.8	234
姚庄镇	北鹤村	30.95158	120.9496	6.6	30.5	2.30	19.1	142
姚庄镇	横港村	30.96056	120.9722	6.3	38.9	2.42	43.2	97
姚庄镇	横港村	30.95667	120.9706	6.4	37.4	2.35	33.9	115
姚庄镇	横港村	30.95722	120.9786	6.7	17.3	1.17	34.6	165
姚庄镇	横港村	30.9575	120.9758	6.3	34.7	1.92	21.1	123
姚庄镇	横港村	30.955	120.9789	6.4	38.0	2.31	29.0	173
姚庄镇	横港村	30.95472	120.975	6.3	42.3	2.62	72.5	135
姚庄镇	横港村	30.95278	120.9625	6.6	17.7	1.06	16.5	166
姚庄镇	横港村	30.95833	120.9622	7.1	18.7	1.03	10.7	158
姚庄镇	横港村	30.95472	120.9658	6.1	34.9	2.07	19.6	93
姚庄镇	横港村	30.95611	120.9678	6.6	35.6	2.18	36.3	176
姚庄镇	横港村	30.95611	120.9678	6.0	40.6	2.38	24.3	112
姚庄镇	横港村	30.95222	120.9681	6.1	39.3	2.24	5.2	121
姚庄镇	横港村	30.95828	120.973	6.0	35.9	1.79	7.0	131
姚庄镇	利锋村	30.93583	120.9861	6.1	25.4	1.57	35.7	181
姚庄镇	利锋村	30.93639	120.9861	6.3	27.1	1.62	12.2	195
姚庄镇	利锋村	30.9325	120.9856	6.0	38.7	2.17	22.6	121
姚庄镇	利锋村	30.9325	120.9844	6.3	33.1	2.07	44.3	102
姚庄镇	利锋村	30.92833	120.985	6.2	38.3	2.33	33.4	114
姚庄镇	利锋村	30.92861	120.9839	6.4	31.8	1.93	41.8	116
姚庄镇	利锋村	30.92667	120.9864	6.1	44.0	2.60	36.4	121
姚庄镇	利锋村	30.93028	120.9864	6.3	42.2	2.54	26.9	119
姚庄镇	利锋村	30.93056	120.9889	6.4	50.5	2.95	74.0	102

（续表）

镇(街道)名称	村名称	北纬	东经	pH值	有机质(g/kg)	全氮(g/kg)	有效磷(mg/kg)	速效钾(mg/kg)
姚庄镇	利锋村	30.93333	120.9892	6.2	38.6	2.33	57.8	123
姚庄镇	利锋村	30.92833	120.9897	6.7	57.4	3.25	65.0	134
姚庄镇	利锋村	30.92472	120.9892	6.6	30.1	2.07	76.5	326
姚庄镇	利锋村	30.92306	120.9875	6.4	44.2	2.58	79.0	99
姚庄镇	利锋村	30.9275	120.9939	5.5	30.8	1.93	47.1	162
姚庄镇	利锋村	30.92417	120.9922	6.6	55.5	3.22	148.8	171
姚庄镇	利锋村	30.92083	120.9919	6.6	31.9	1.93	65.5	196
姚庄镇	利锋村	30.91667	120.9917	6.0	29.2	1.88	61.0	205
姚庄镇	利锋村	30.90944	120.9975	6.8	32.0	1.86	46.2	188
姚庄镇	利锋村	30.90972	120.9978	6.4	31.1	1.86	61.4	183
姚庄镇	利锋村	30.91028	120.9928	6.2	32.7	1.94	45.1	120
姚庄镇	利锋村	30.91139	120.9875	6.1	45.5	2.60	205.5	99
姚庄镇	利锋村	30.91033	120.9925	6.2	49.5	2.94	14.9	131
姚庄镇	利锋村	30.93644	120.9868	6.1	27.4	1.79	7.4	119
姚庄镇	利锋村	30.92175	120.9894	6.5	40.0	2.26	30.4	108
姚庄镇	南鹿村	30.94944	120.9786	6.2	41.6	2.42	38.3	112
姚庄镇	南鹿村	30.94694	120.9772	6.3	40.1	2.40	46.8	118
姚庄镇	南鹿村	30.94778	120.9797	6.4	41.3	2.51	24.0	98
姚庄镇	南鹿村	30.94694	120.9689	6.1	41.8	2.02	42.4	140
姚庄镇	南鹿村	30.9475	120.9669	6.7	45.3	2.65	119.0	186
姚庄镇	南鹿村	30.94667	120.9744	6.1	39.7	2.41	35.0	120
姚庄镇	南鹿村	30.94444	120.9764	5.9	32.9	2.00	113.0	329
姚庄镇	南鹿村	30.94389	120.9767	6.4	39.0	2.24	19.4	119
姚庄镇	南鹿村	30.94222	120.975	5.6	35.9	2.21	42.9	190

（续表）

镇(街道)名称	村名称	北纬	东经	pH值	有机质(g/kg)	全氮(g/kg)	有效磷(mg/kg)	速效钾(mg/kg)
姚庄镇	南鹿村	30.94028	120.9756	6.5	37.3	2.11	12.5	124
姚庄镇	南鹿村	30.94083	120.9808	6.7	37.7	2.20	9.5	125
姚庄镇	南鹿村	30.94111	120.9811	6.2	34.0	1.96	25.9	114
姚庄镇	南鹿村	30.94028	120.9717	6.6	51.8	3.11	73.5	187
姚庄镇	南鹿村	30.93444	120.9783	5.9	52.1	2.99	41.5	112
姚庄镇	南鹿村	30.93667	120.9819	6.4	42.7	2.40	32.0	123
姚庄镇	南鹿村	30.93611	120.9808	6.3	45.1	2.57	34.7	122
姚庄镇	南鹿村	30.93639	120.9797	6.1	44.6	2.61	29.8	123
姚庄镇	南鹿村	30.92639	120.9761	6.4	53.3	3.08	41.6	128
姚庄镇	南鹿村	30.93194	120.9783	6.2	46.8	2.63	32.4	141
姚庄镇	南鹿村	30.92889	120.9814	5.6	45.3	2.59	37.0	146
姚庄镇	南鹿村	30.93531	120.9808	5.7	44.5	2.52	6.2	144
姚庄镇	南鹿村	30.9435	120.9739	6.0	25.3	1.57	24.8	144
姚庄镇	南鹿村	30.93631	120.9801	6.8	42.6	2.58	53.0	139
姚庄镇	武长村	30.92389	120.9489	6.7	31.6	1.91	28.1	156
姚庄镇	武长村	30.93111	120.9478	6.2	44.5	2.65	16.0	141
姚庄镇	武长村	30.92833	120.9506	6.3	42.9	2.59	47.5	155
姚庄镇	武长村	30.92917	120.9436	6.1	35.0	2.14	57.2	133
姚庄镇	武长村	30.92944	120.9422	6.4	40.0	2.43	54.6	96
姚庄镇	武长村	30.93028	120.9486	6.7	62.0	3.54	198.0	239
姚庄镇	武长村	30.93444	120.9531	6.4	48.7	2.81	52.5	174
姚庄镇	武长村	30.93861	120.9475	6.5	41.6	2.57	44.4	134
姚庄镇	武长村	30.94028	120.9483	6.1	44.0	2.66	35.3	111
姚庄镇	武长村	30.93694	120.9489	6.9	56.6	3.61	102.5	242

（续表）

镇(街道)名称	村名称	北纬	东经	pH值	有机质(g/kg)	全氮(g/kg)	有效磷(mg/kg)	速效钾(mg/kg)
姚庄镇	武长村	30.93722	120.9458	6.6	55.4	3.19	67.5	116
姚庄镇	武长村	30.93472	120.9483	6.2	53.0	3.05	63.2	160
姚庄镇	武长村	30.92167	120.9456	6.4	53.7	3.15	84.0	137
姚庄镇	武长村	30.93361	120.9444	6.4	50.0	2.86	73.8	137
姚庄镇	武长村	30.93472	120.9444	6.4	43.9	2.65	45.0	133
姚庄镇	武长村	30.92583	120.9522	6.1	38.8	2.28	20.4	126
姚庄镇	武长村	30.92581	120.9504	6.2	40.9	2.38	9.8	128
姚庄镇	武长村	30.93983	120.9476	6.2	39.5	2.13	9.3	126
姚庄镇	星轮村	30.91861	120.9797	5.8	28.7	1.88	41.6	137
姚庄镇	星轮村	30.91833	120.9789	6.0	49.5	2.85	71.5	128
姚庄镇	星轮村	30.92056	120.9806	6.5	44.0	2.45	76.5	131
姚庄镇	星轮村	30.92028	120.985	5.9	50.1	2.88	23.5	136
姚庄镇	星轮村	30.91778	120.9864	6.5	40.2	2.28	19.1	113
姚庄镇	星轮村	30.91333	120.9853	6.4	44.3	2.55	30.5	236
姚庄镇	星轮村	30.91051	120.9785	6.5	44.1	2.64	102.5	136
姚庄镇	星轮村	30.91167	120.9814	6.3	43.8	2.70	77.0	142
姚庄镇	星轮村	30.91306	120.9778	6.7	42.3	2.46	49.0	122
姚庄镇	星轮村	30.91278	120.9739	6.5	44.9	2.75	69.3	149
姚庄镇	星轮村	30.91722	120.9758	6.1	40.6	2.38	54.5	159
姚庄镇	星轮村	30.91583	120.9764	6.0	33.1	2.08	66.3	143
姚庄镇	星轮村	30.91639	120.9867	6.4	27.1	1.67	70.9	127
姚庄镇	星轮村	30.91106	120.9813	6.2	37.6	2.16	13.5	158
姚庄镇	姚庄村	30.92111	120.9647	6.1	48.7	2.87	42.9	123
姚庄镇	姚庄村	30.92028	120.965	6.3	35.3	2.25	145.0	156

（续表）

镇(街道)名称	村名称	北纬	东经	pH值	有机质(g/kg)	全氮(g/kg)	有效磷(mg/kg)	速效钾(mg/kg)
姚庄镇	姚庄村	30.92222	120.9675	6.4	40.2	2.35	21.0	109
姚庄镇	姚庄村	30.9175	120.9683	6.3	44.8	2.75	43.3	153
姚庄镇	姚庄村	30.90722	120.9697	6.2	43.8	2.53	25.5	106
姚庄镇	姚庄村	30.90639	120.9697	6.3	47.6	2.73	41.2	116
姚庄镇	姚庄村	30.9125	120.95	6.0	43.0	2.55	69.1	104
姚庄镇	姚庄村	30.91028	120.9475	6.9	46.5	2.64	47.0	149
姚庄镇	姚庄村	30.91028	120.9408	6.1	42.6	2.51	40.6	120
姚庄镇	姚庄村	30.91	120.9431	6.3	43.2	2.59	27.9	207
姚庄镇	姚庄村	30.91389	120.9464	6.4	42.1	2.46	35.5	102
姚庄镇	姚庄村	30.91389	120.9469	6.4	33.0	2.07	18.7	110
姚庄镇	姚庄村	30.91722	120.9472	7.2	51.7	3.24	163.3	284
姚庄镇	姚庄村	30.91889	120.9442	6.5	44.0	2.58	33.9	150
姚庄镇	姚庄村	30.25028	120.9428	6.2	36.5	2.24	143.5	190
姚庄镇	姚庄村	30.91722	120.94	6.2	49.9	2.84	52.2	131
姚庄镇	姚庄村	30.92	120.9406	6.5	53.9	3.71	602.5	584
姚庄镇	姚庄村	30.9225	120.9406	6.6	56.9	3.44	86.0	119
姚庄镇	姚庄村	30.92806	120.9572	6.7	60.7	3.69	62.0	106
姚庄镇	姚庄村	30.92472	120.9544	6.4	60.3	2.70	55.6	125
姚庄镇	姚庄村	30.92083	120.9531	6.3	54.5	3.24	88.0	113
姚庄镇	姚庄村	30.91889	120.9519	6.3	59.4	3.37	95.5	188
姚庄镇	姚庄村	30.92053	120.9447	6.5	36.9	1.97	9.3	127
姚庄镇	姚庄村	30.924	120.9447	6.8	22.9	1.12	10.3	119
姚庄镇	姚庄村	30.91706	120.9438	7.2	57.4	3.53	126.0	198
姚庄镇	姚庄村	30.91056	120.9477	6.7	35.9	2.07	46.0	126

（续表）

镇(街道) 名称	村名称	北纬	东经	pH 值	有机质 (g/kg)	全氮 (g/kg)	有效磷 (mg/kg)	速效钾 (mg/kg)
姚庄镇	姚庄村	30.91038	120.9421	6.8	38.6	2.04	21.0	170
姚庄镇	展丰村	30.93917	120.9933	6.2	29.1	1.87	68.0	158
姚庄镇	展丰村	30.955	120.9833	6.3	35.7	1.95	10.5	115
姚庄镇	展丰村	30.95472	120.9828	6.2	22.7	1.42	69.5	156
姚庄镇	展丰村	30.95639	120.9872	5.9	30.4	1.90	14.6	92
姚庄镇	展丰村	30.95694	120.9864	6.3	24.9	1.47	41.8	119
姚庄镇	展丰村	30.94972	120.9833	6.4	39.3	2.25	13.2	112
姚庄镇	展丰村	30.94778	120.9858	6.4	34.4	1.94	26.3	131
姚庄镇	展丰村	30.94944	120.9856	6.9	15.2	1.01	15.9	119
姚庄镇	展丰村	30.95	120.9894	6.7	25.0	1.56	43.7	149
姚庄镇	展丰村	30.94639	120.9889	6.4	30.4	1.82	35.2	132
姚庄镇	展丰村	30.94306	120.9886	6.6	31.9	1.87	78.0	161
姚庄镇	展丰村	30.94361	120.9897	6.0	35.2	2.01	63.6	129
姚庄镇	展丰村	30.94	120.9861	7.0	16.0	0.95	6.6	175
姚庄镇	展丰村	30.94028	120.9867	5.8	33.8	1.98	16.9	172
姚庄镇	展丰村	30.93778	120.9861	6.7	22.5	1.32	33.1	323
姚庄镇	展丰村	30.93806	120.9894	6.6	40.7	2.26	92.1	146
姚庄镇	展丰村	30.93722	120.9931	6.3	34.7	1.97	23.6	109
姚庄镇	展丰村	30.93578	120.988	6.0	29.5	1.74	18.2	162
姚庄镇	展丰村	30.94995	120.9843	6.4	39.5	2.35	15.4	112
姚庄镇	展幸村	30.94722	120.9625	6.7	44.2	2.62	19.9	179
姚庄镇	展幸村	30.94278	120.965	6.3	46.0	2.78	103.0	195
姚庄镇	展幸村	30.94222	120.9575	6.0	30.2	1.96	12.5	142
姚庄镇	展幸村	30.93944	120.9578	6.7	42.3	2.60	56.1	100

（续表）

镇(街道)名称	村名称	北纬	东经	pH值	有机质(g/kg)	全氮(g/kg)	有效磷(mg/kg)	速效钾(mg/kg)
姚庄镇	展幸村	30.93861	120.9606	6.6	26.9	1.56	18.7	199
姚庄镇	展幸村	30.93833	120.9619	6.0	40.6	2.75	64.3	264
姚庄镇	展幸村	30.93528	120.9658	6.5	46.6	2.77	112.0	137
姚庄镇	展幸村	30.93194	120.9614	6.7	50.2	2.91	39.9	301
姚庄镇	展幸村	30.9325	120.9569	6.2	54.7	3.26	61.5	101
姚庄镇	展幸村	30.9325	120.9572	6.4	53.6	3.45	95.0	172
姚庄镇	展幸村	30.9325	120.9631	6.7	52.1	3.22	215.3	229
姚庄镇	展幸村	30.93808	120.9595	7.1	16.0	0.92	20.0	124
姚庄镇	展幸村	30.9363	120.9637	6.7	46.7	2.46	39.0	135
陶庄镇	大金村	30.94711	120.7804	6.1	36.5	2.03	8.4	101
陶庄镇	大金村	30.94244	120.7781	5.6	39	2.18	5.3	117
陶庄镇	大金村	30.94314	120.7818	6	36.7	2.02	2.8	138
陶庄镇	大金村	30.94383	120.7865	6.2	38.8	1.93	9.8	121
陶庄镇	大金村	30.94369	120.7801	6.3	31.2	1.79	15.9	144
陶庄镇	丁家村	30.99044	120.7951	5.7	40.5	2.31	7.3	129
陶庄镇	丁家村	30.99033	120.7941	5.4	35.9	2.3	2.8	143
陶庄镇	丁家村	30.99	120.7934	5.7	33.4	1.91	6.7	109
陶庄镇	丁家村	30.98878	120.7954	5.7	37	2.24	16.6	98
陶庄镇	丁家村	30.98742	120.7947	6	39.3	2.17	3.5	124
陶庄镇	丁家村	30.98744	120.7933	6	35.4	1.95	2.9	130
陶庄镇	丁家村	30.98631	120.7933	5.6	41.1	2.29	3	112
陶庄镇	丁家村	30.98344	120.7975	5.8	29.3	1.78	1	123
陶庄镇	丁家村	30.98103	120.7968	5.8	37.2	2.04	4	91
陶庄镇	丁家村	30.976	120.8016	6.7	37.5	2	1.5	85

（续表）

镇(街道)名称	村名称	北纬	东经	pH值	有机质(g/kg)	全氮(g/kg)	有效磷(mg/kg)	速效钾(mg/kg)
陶庄镇	汾湖村	30.99247	120.777	5.6	39.2	2.18	4.2	101
陶庄镇	汾湖村	30.99197	120.7794	6	39	2.27	15	79
陶庄镇	汾湖村	30.99514	120.7791	6.1	33.7	1.96	6.2	98
陶庄镇	汾湖村	30.99094	120.7851	5.2	36.8	2.17	7	141
陶庄镇	汾湖村	30.99431	120.7887	5.7	39.3	2.29	4.4	134
陶庄镇	汾湖村	30.9945	120.7893	6.3	30.5	1.8	92.5	308
陶庄镇	汾湖村	30.99519	120.7887	6	31.4	2.1	120	574
陶庄镇	汾湖村	30.98517	120.7836	5.6	35.7	1.97	5.5	143
陶庄镇	汾湖村	30.98533	120.7853	5.8	39.4	2.34	12.7	99
陶庄镇	汾湖村	30.98453	120.7787	5.9	41.6	2.32	4.2	111
陶庄镇	汾湖村	30.98383	120.7771	5.5	43.4	2.49	3.9	108
陶庄镇	汾湖村	30.98308	120.7822	5.8	35.8	1.96	2.3	155
陶庄镇	汾湖村	30.99092	120.7852	6.2	32.2	2.04	20.1	93
陶庄镇	汾南村	30.951	120.7883	5.7	48.8	2.59	4	165
陶庄镇	汾南村	30.95511	120.7877	6.3	48.6	2.38	3	263
陶庄镇	汾南村	30.95886	120.7902	5.8	43.1	2.34	6.9	125
陶庄镇	汾南村	30.95917	120.7952	5.3	29.6	1.47	2.2	154
陶庄镇	汾南村	30.95986	120.7973	6	38.1	2.18	5.4	110
陶庄镇	汾南村	30.95461	120.7929	6.2	42	2.24	1.6	172
陶庄镇	汾南村	30.94983	120.7964	6.3	46.5	2.6	17.6	176
陶庄镇	汾南村	30.9495	120.7983	5.9	38.3	2.12	7.7	161
陶庄镇	汾南村	30.94858	120.7935	5.8	48.6	2.62	12.2	177
陶庄镇	汾南村	30.948	120.7906	6	52	2.85	62.5	100
陶庄镇	汾南村	30.9465	120.7897	6.2	45	2.36	19.1	121

（续表）

镇(街道)名称	村名称	北纬	东经	pH值	有机质 (g/kg)	全氮 (g/kg)	有效磷 (mg/kg)	速效钾 (mg/kg)
陶庄镇	汾南村	30.94411	120.7927	6	46.4	2.46	9.4	165
陶庄镇	汾南村	30.94133	120.7931	6	42.2	2.27	6.3	111
陶庄镇	汾南村	30.93997	120.7967	5.8	46.4	2.53	12.4	134
陶庄镇	汾玉村	30.97508	120.7967	5.9	40.6	2.16	6.5	98
陶庄镇	汾玉村	30.97694	120.7952	5.7	29.8	1.55	3	148
陶庄镇	汾玉村	30.97558	120.7924	5.8	35.1	2	13.6	133
陶庄镇	汾玉村	30.97717	120.7901	5.4	39.1	2.08	10.3	127
陶庄镇	汾玉村	30.97967	120.7879	6.2	39.6	2.23	6	88
陶庄镇	汾玉村	30.97603	120.7838	5.9	44.1	2.51	2	119
陶庄镇	汾玉村	30.97542	120.7813	5.7	41	2.26	5.2	133
陶庄镇	汾玉村	30.97139	120.78	6	30.3	1.69	1.4	132
陶庄镇	汾玉村	30.97275	120.7821	5.5	38.4	2.1	4.6	89
陶庄镇	汾玉村	30.97194	120.788	5.8	36.1	2	6.2	112
陶庄镇	贺汇村	30.99675	120.826	5.9	29.6	1.7	3.8	118
陶庄镇	贺汇村	30.99719	120.8216	5.9	34	1.93	8.7	77
陶庄镇	贺汇村	30.9945	120.8238	5.6	29.9	1.77	7.2	84
陶庄镇	贺汇村	30.98911	120.8188	5.9	37.5	2.12	5.1	92
陶庄镇	贺汇村	30.9875	120.8219	5.9	35.3	2.12	20.6	85
陶庄镇	贺汇村	30.985	120.8158	5.6	35.7	1.82	6.4	107
陶庄镇	贺汇村	30.98525	120.8199	5.8	30.7	1.68	4.1	71
陶庄镇	贺汇村	30.98547	120.8173	6.2	40.7	2.23	9.3	75
陶庄镇	贺汇村	30.99483	120.8186	5.9	35	1.93	20.1	76
陶庄镇	湖滨村	30.99806	120.8136	6	40.4	2.33	10.6	101
陶庄镇	湖滨村	31.00279	120.8117	5.6	44.6	2.46	5.3	118

（续表）

镇(街道)名称	村名称	北纬	东经	pH值	有机质(g/kg)	全氮(g/kg)	有效磷(mg/kg)	速效钾(mg/kg)
陶庄镇	湖滨村	31.00422	120.8193	5.9	37.8	2.27	12.3	73
陶庄镇	湖滨村	31.00167	120.8211	5.6	42.8	2.52	3.2	136
陶庄镇	湖滨村	31.00139	120.8196	5.6	36.3	2.11	13.1	105
陶庄镇	湖滨村	31.00181	120.8266	6.3	37.2	2.07	14.4	118
陶庄镇	湖滨村	31.00011	120.8318	6.1	37.5	2.06	9.7	97
陶庄镇	湖滨村	30.99669	120.8318	5.8	33.9	1.97	12	103
陶庄镇	湖滨村	30.99961	120.8332	6	38.3	2.11	10.7	78
陶庄镇	湖滨村	31.00035	120.81	6.2	37.8	2.25	28	63
陶庄镇	金厍村	30.97967	120.8065	5.9	38.3	2.34	3.7	111
陶庄镇	金厍村	30.98467	120.8099	6.3	34.2	2.05	7.8	106
陶庄镇	金厍村	30.98675	120.8106	5.9	32.4	1.76	1.6	109
陶庄镇	金厍村	30.98872	120.8134	6.4	33.2	1.89	3.6	88
陶庄镇	金厍村	30.99008	120.8145	5.9	36.9	1.88	0.9	129
陶庄镇	金厍村	30.99144	120.8142	6.1	39.6	2.29	6.2	73
陶庄镇	金厍村	30.99269	120.8162	5.6	36	2.07	2.6	118
陶庄镇	金厍村	30.98636	120.8055	5.7	37.3	2.18	6.7	120
陶庄镇	金厍村	30.98694	120.8035	6.1	43.6	2.36	19.4	67
陶庄镇	金厍村	30.98792	120.8024	6.3	39.3	2.24	8.9	66
陶庄镇	金厍村	30.98906	120.8043	5.9	38.6	2.55	15.3	100
陶庄镇	金厍村	30.98983	120.8039	5.3	39.2	2.1	13.7	147
陶庄镇	利生村	30.951	120.7698	5.9	36.3	1.91	2	177
陶庄镇	利生村	50.94717	120.7736	6.3	46.2	2.46	12	155
陶庄镇	利生村	30.95028	120.7715	5.7	40.5	2.19	6.2	133
陶庄镇	利生村	30.95244	120.7726	6.1	39.8	2.18	5.5	127

（续表）

镇(街道)名称	村名称	北纬	东经	pH值	有机质(g/kg)	全氮(g/kg)	有效磷(mg/kg)	速效钾(mg/kg)
陶庄镇	利生村	30.95297	120.7747	5.9	35.7	2.06	8.3	106
陶庄镇	利生村	30.95114	120.778	6.3	38.3	2.16	6.5	115
陶庄镇	利生村	30.95672	120.7802	6.1	37.6	2.05	7.5	136
陶庄镇	利生村	30.95669	120.7828	6	37	2.03	8.7	135
陶庄镇	利生村	30.95169	120.785	5.6	44.2	2.29	3.3	125
陶庄镇	利生村	30.95217	120.7829	6.1	42.1	2.25	13.1	98
陶庄镇	利生村	30.95114	120.7769	6	38.3	2.12	10.2	108
陶庄镇	利生村	30.95028	120.7703	6	36.2	1.78	4.2	118
陶庄镇	利生村	30.95205	120.7815	6.7	41.4	2.18	38	166
陶庄镇	民主村	30.97944	120.84	6.2	37.6	2.02	13.4	100
陶庄镇	民主村	30.98392	120.8382	5.8	38	2.15	15.8	106
陶庄镇	民主村	30.98778	120.8383	6	35.7	1.79	7.2	141
陶庄镇	民主村	30.99147	120.8338	6.1	40.9	2.29	12.3	139
陶庄镇	民主村	30.98864	120.8319	5.9	32.6	1.99	6.4	79
陶庄镇	民主村	30.98708	120.8341	5.7	34.6	2.06	31	121
陶庄镇	民主村	30.98325	120.8326	6.2	37.9	2.22	16.5	118
陶庄镇	民主村	30.98278	120.8353	6.1	37.9	1.89	5	120
陶庄镇	民主村	30.97972	120.8325	5.9	38.3	2.26	9.7	88
陶庄镇	民主村	30.97831	120.8339	6	31.9	1.84	11.4	81
陶庄镇	民主村	30.978	120.8228	6.1	32	2.09	35.3	124
陶庄镇	民主村	30.98208	120.8288	6.3	33.9	1.92	3.9	102
陶庄镇	民主村	30.97389	120.8306	6	42.1	2.27	2.9	155
陶庄镇	民主村	30.97244	120.8306	5.3	42.6	2.46	8.9	149
陶庄镇	民主村	30.97861	120.8272	5.3	36	1.93	1.5	141

（续表）

镇(街道)名称	村名称	北纬	东经	pH值	有机质(g/kg)	全氮(g/kg)	有效磷(mg/kg)	速效钾(mg/kg)
陶庄镇	民主村	30.97786	120.8252	6.1	40.8	2.24	4	148
陶庄镇	民主村	30.97669	120.8218	6.3	44.2	2.54	13.7	97
陶庄镇	民主村	30.98507	120.8335	6.4	33.6	2.04	14.9	82
陶庄镇	陶南村	30.95611	120.8061	6.1	46.5	2.49	5.5	120
陶庄镇	陶南村	30.95444	120.8051	6.4	52.3	2.75	17.7	121
陶庄镇	陶南村	30.95806	120.8089	6	42.4	2.11	7.9	151
陶庄镇	陶南村	30.95953	120.8116	6.1	38.8	2.1	3.9	123
陶庄镇	陶南村	30.96353	120.81	6.3	41.3	2.3	18.7	121
陶庄镇	陶南村	30.96806	120.8167	7	37	2.02	21.9	109
陶庄镇	陶庄村	30.94339	120.8173	6.1	33.7	1.9	16.4	90
陶庄镇	陶庄村	30.97642	120.819	6.1	40.9	2.33	9.7	95
陶庄镇	陶庄村	30.93528	120.8253	6.4	40.4	2.25	5	155
陶庄镇	陶庄村	30.93742	120.8202	6.5	47.2	2.58	8.5	147
陶庄镇	陶庄村	30.97361	120.8158	6.1	43.3	2.32	3.5	111
陶庄镇	陶庄村	30.97519	120.8073	6.5	35.2	1.9	6.4	107
陶庄镇	陶庄村	30.9795	120.8098	5.7	40.8	2.21	4.1	131
陶庄镇	陶庄村	30.97917	120.8156	5.5	41	2.26	2.7	132
陶庄镇	陶庄村	30.97878	120.8189	6.6	38.5	2.3	10.8	73
陶庄镇	陶庄村	30.93417	120.8259	6.2	36.1	2.07	18	135
陶庄镇	陶庄村	30.9705	120.8238	6.2	40.3	2.21	0.5	99
陶庄镇	陶庄村	30.96694	120.8269	6.7	26.9	1.51	71	100
陶庄镇	西浒村	31.00236	120.8126	5.7	40.3	1.95	2.1	114
陶庄镇	西浒村	30.98981	120.7659	5.7	42.4	2.42	5.5	124
陶庄镇	西浒村	30.99203	120.766	5.5	35.3	2.07	7.1	118

（续表）

镇(街道)名称	村名称	北纬	东经	pH值	有机质(g/kg)	全氮(g/kg)	有效磷(mg/kg)	速效钾(mg/kg)
陶庄镇	西浒村	30.99617	120.7709	5.8	38.1	2.1	3	84
陶庄镇	西浒村	30.99717	120.7727	5.8	34.9	2.31	15.4	114
陶庄镇	西浒村	30.99275	120.7754	5.9	36.8	2.12	3.6	105
陶庄镇	西浒村	30.99306	120.7676	6.1	37.6	2.27	10.3	105
陶庄镇	翔胜村	30.97203	120.7627	6.5	35	1.9	4	123
陶庄镇	翔胜村	30.97475	120.7588	5.7	35.7	2	3.1	118
陶庄镇	翔胜村	30.97675	120.7572	6.1	44.6	2.49	6.2	125
陶庄镇	翔胜村	30.97181	120.7563	7.1	39.9	2.33	11.2	115
陶庄镇	翔胜村	30.96922	120.7542	6.3	48.7	2.61	42.7	119
陶庄镇	翔胜村	30.96808	120.7465	6.1	35.4	1.99	6.5	125
陶庄镇	翔胜村	30.96622	120.7454	5.9	44	2.34	3	106
陶庄镇	翔胜村	30.96942	120.7449	5.8	36.4	2.17	4.5	88
陶庄镇	翔胜村	30.96625	120.7531	5.6	36.7	1.69	2.6	92
陶庄镇	翔胜村	30.96719	120.7568	5.9	35.1	2.03	2.9	99
陶庄镇	翔胜村	30.96786	120.7588	5.9	37.2	2.13	7	124
陶庄镇	翔胜村	30.97022	120.768	6	39.8	2.11	4.1	109
陶庄镇	翔胜村	30.97086	120.7717	6.6	47.7	2.46	17.3	95
陶庄镇	翔胜村	30.97369	120.771	6.5	36.8	1.98	4	85
陶庄镇	翔胜村	30.97583	120.7702	6.2	35.7	1.96	8.6	81
陶庄镇	翔胜村	30.97639	120.7676	6.3	39	2.03	12.5	79
陶庄镇	翔胜村	30.97247	120.7668	6.2	37.8	2.1	5.8	106
陶庄镇	翔胜村	30.9701	120.754	5.8	40.9	2.52	11.7	96
干窑镇	长浜村	30.92944	120.9144	6.1	42.8	2.31	34.3	93
干窑镇	长浜村	30.92333	120.9108	6.4	34.9	2.07	32.2	117
干窑镇	长浜村	30.92472	120.9097	6.2	31	1.91	14.9	118

（续表）

镇(街道)名称	村名称	北纬	东经	pH值	有机质(g/kg)	全氮(g/kg)	有效磷(mg/kg)	速效钾(mg/kg)
干窑镇	长浜村	30.92611	120.9075	6.2	31	1.89	39.7	138
干窑镇	长浜村	30.92917	120.9106	6	40	2.22	17.9	110
干窑镇	长浜村	30.93	120.9083	6	41.4	2.27	13.6	109
干窑镇	长浜村	30.93139	120.9097	6.3	34.4	2.12	47	90
干窑镇	长浜村	30.92556	120.9147	6.1	40.5	2.54	30.3	146
干窑镇	长浜村	30.92861	120.9169	6.3	41.7	2.44	9.9	105
干窑镇	长浜村	30.925	120.9194	6.5	48.4	2.77	76.5	128
干窑镇	长浜村	30.92361	120.9178	6.5	45.9	2.79	39.5	113
干窑镇	长浜村	30.91944	120.915	6.5	40.6	2.46	21.5	102
干窑镇	长浜村	30.92	120.9183	6.6	53.2	2.87	48.9	108
干窑镇	长浜村	30.92925	120.9087	6.2	35.5	2.07	0.5	119
干窑镇	长浜村	30.91997	120.9187	6.8	46	3.08	38	138
干窑镇	长浜村	30.92569	120.9124	6.5	31.9	1.57	7	114
干窑镇	长浜村	30.92353	120.9114	6.4	45.7	2.6	51.9	178
干窑镇	长丰村	30.87917	120.8597	5.8	42.4	2.33	5.3	161
干窑镇	长丰村	30.87861	120.8556	5.8	43.6	2.47	6.5	166
干窑镇	长丰村	30.87833	120.8486	5.9	46.2	2.49	8.4	150
干窑镇	长丰村	30.87528	120.8489	6.2	38.2	2.28	4.1	118
干窑镇	长丰村	30.87611	120.8519	6.1	34.6	2.05	13.9	147
干窑镇	长丰村	30.87639	120.8553	6.1	40.9	2.26	9.4	140
干窑镇	长丰村	30.87528	120.8603	6.2	29	1.58	12.4	175
干窑镇	长丰村	30.8725	120.8592	6.3	39.6	2.18	6.2	158
干窑镇	长丰村	30.87278	120.8522	6.1	33.5	1.91	4.2	110
干窑镇	长丰村	30.8725	120.8489	5.6	49.2	2.7	7.1	128
干窑镇	长丰村	30.87306	120.8447	5.8	46.6	2.64	10	142

（续表）

镇(街道)名称	村名称	北纬	东经	pH值	有机质(g/kg)	全氮(g/kg)	有效磷(mg/kg)	速效钾(mg/kg)
干窑镇	长丰村	30.86917	120.8489	5.9	48.7	2.67	4.6	178
干窑镇	长丰村	30.86944	120.8522	5.6	44.8	2.3	3.6	198
干窑镇	长丰村	30.86917	120.8553	6.3	39	2.16	25.6	142
干窑镇	长丰村	30.86972	120.8592	5.8	48.6	2.77	19	154
干窑镇	长丰村	30.86556	120.855	6	38.2	2.13	8.8	131
干窑镇	长丰村	30.86639	120.8522	6.3	38.6	2.53	12.8	122
干窑镇	长丰村	30.86389	120.8553	6.1	34.4	1.9	9.3	126
干窑镇	长丰村	30.875	120.8556	6.6	40.2	2.44	5.1	141
干窑镇	长丰村	30.87417	120.8581	6.2	36.7	2.1	8.1	125
干窑镇	长丰村	30.87317	120.8613	6.3	38.6	2.13	14.9	103
干窑镇	长丰村	30.87993	120.8569	6	42.2	2.07	21	126
干窑镇	长生村	30.90083	120.8672	6.2	34.4	1.95	14.1	99
干窑镇	长生村	30.90167	120.8603	5.9	39.5	2.2	18.1	99
干窑镇	长生村	30.89861	120.8617	6.1	39.7	2.28	5.6	136
干窑镇	长生村	30.90167	120.8556	5.9	43	2.21	13.4	144
干窑镇	长生村	30.89667	120.8636	6	34.8	1.96	7.7	113
干窑镇	长生村	30.89444	120.8606	5.9	41.2	2.33	12.3	119
干窑镇	长生村	30.89361	120.8631	5.9	49.4	3.15	8.5	137
干窑镇	长生村	30.89139	120.8683	6.2	40.1	2.5	26.1	119
干窑镇	长生村	30.89	120.8642	6.1	41.8	2.38	46.4	129
干窑镇	长生村	30.88667	120.8653	6	42.4	2.4	10.3	128
干窑镇	长生村	30.88722	120.8678	6	38.3	2.17	18.6	123
干窑镇	长生村	30.88778	120.8708	6.3	42.3	2.5	13.9	98
干窑镇	长生村	30.88944	120.8756	6.1	42.6	2.74	8.8	120

（续表）

镇(街道)名称	村名称	北纬	东经	pH值	有机质(g/kg)	全氮(g/kg)	有效磷(mg/kg)	速效钾(mg/kg)
干窑镇	长生村	30.88611	120.8736	6	44.7	2.34	15.7	178
干窑镇	长生村	30.88444	120.8681	6.2	36.5	2.13	40.6	122
干窑镇	长生村	30.88556	120.8631	6.1	48.6	2.8	20.6	149
干窑镇	长生村	30.88194	120.8639	6.3	36.4	2.22	37	142
干窑镇	长生村	30.88194	120.8664	6.3	39.7	2.32	16.1	143
干窑镇	长生村	32.88222	120.8708	5.8	47	2.67	27.1	111
干窑镇	长生村	30.88417	120.8728	6.2	40.4	2.49	11.9	128
干窑镇	长生村	30.88028	120.875	5.8	48.6	2.47	19	187
干窑镇	长生村	30.87972	120.8706	5.9	41.2	2.33	12.1	120
干窑镇	长生村	30.87917	120.8675	6.1	53.8	2.77	11.4	140
干窑镇	长生村	30.87917	120.8639	6.1	39.8	2.28	8.2	174
干窑镇	长生村	30.89944	120.8578	6.4	37.2	2.18	10.8	102
干窑镇	长生村	30.8855	120.8657	6.4	34.7	2.3	17.3	104
干窑镇	长生村	30.88508	120.8716	6.2	29.1	1.59	17.7	138
干窑镇	范泾村	30.91028	120.9075	6.2	48.5	2.9	41.8	115
干窑镇	范泾村	30.91056	120.9097	5.7	40.2	2.35	5.9	136
干窑镇	范泾村	30.90972	120.9142	6.3	35.6	2.28	13.8	116
干窑镇	范泾村	30.91111	120.9172	5.2	41.7	2.74	115	158
干窑镇	范泾村	30.91361	120.9172	6.1	37.7	2.2	25.3	118
干窑镇	范泾村	30.91306	120.9156	5.3	37.9	2.41	81	178
干窑镇	范泾村	30.91306	120.9144	5.9	41	2.37	22.1	125
干窑镇	范泾村	30.91361	120.9106	5.7	37.4	2.17	11.9	131
干窑镇	范泾村	30.91333	120.9081	5.8	44.2	2.6	23.3	143
干窑镇	范泾村	30.91778	120.9086	5.9	41	2.39	7.2	132

（续表）

镇(街道)名称	村名称	北纬	东经	pH值	有机质(g/kg)	全氮(g/kg)	有效磷(mg/kg)	速效钾(mg/kg)
干窑镇	范泾村	30.91861	120.9114	6.3	36.6	2.79	29.6	87
干窑镇	范泾村	30.92028	120.9094	5.9	38.4	2.23	13	123
干窑镇	范泾村	30.9225	120.9064	6.1	38.2	2.23	5.8	108
干窑镇	范泾村	30.92028	120.9064	5.2	35.3	2.24	64	253
干窑镇	范泾村	30.92083	120.9031	5.9	39.4	2.48	90.5	379
干窑镇	范泾村	30.91694	120.9061	6.4	36.7	2	51.1	145
干窑镇	范泾村	30.91361	120.9058	6.3	35.9	2.02	36.1	190
干窑镇	范泾村	30.91694	120.9044	5.8	43.6	1.76	25.2	177
干窑镇	范泾村	30.91306	120.9031	6.3	41.5	2.29	8	158
干窑镇	范泾村	30.91611	120.9	5.6	37.6	2.47	49	110
干窑镇	范泾村	30.91667	120.8969	6.4	36.4	2.03	96.5	121
干窑镇	范泾村	30.91694	120.8928	6.6	38.1	2.18	43.3	143
干窑镇	范泾村	30.91306	120.8967	6.4	55.6	3.47	17.2	188
干窑镇	范泾村	30.91333	120.8925	6.1	40.7	2.49	32.1	105
干窑镇	范泾村	30.91972	120.9	6.6	29.8	1.74	7.2	116
干窑镇	范泾村	30.91917	120.8939	5.9	38.1	2.4	133.5	156
干窑镇	范泾村	30.92389	120.9022	6.1	35.2	2.07	29.9	142
干窑镇	范泾村	30.92639	120.9025	6.2	31.3	1.85	7	163
干窑镇	范泾村	30.925	120.8994	6.3	36.6	2.79	29.6	87
干窑镇	范泾村	30.92389	120.8989	6.3	42.6	2.28	61.8	205
干窑镇	范泾村	30.925	120.8953	6.2	49.9	2.76	27.3	128
干窑镇	范泾村	30.92222	120.8944	6.3	31.3	1.86	109	247
干窑镇	范泾村	30.93083	120.8967	6.3	38.1	2.15	14.8	129
干窑镇	范泾村	30.93306	120.8967	6.1	39.1	2.52	7.1	168

（续表）

镇(街道)名称	村名称	北纬	东经	pH值	有机质(g/kg)	全氮(g/kg)	有效磷(mg/kg)	速效钾(mg/kg)
干窑镇	范泾村	30.93667	120.8953	6.2	36.2	2.26	37.9	144
干窑镇	范泾村	30.91928	120.903	6.6	37.4	2.41	25.8	145
干窑镇	范泾村	30.92628	120.9014	6.1	32.4	1.93	19.6	134
干窑镇	范泾村	30.91361	120.9017	6.2	33.1	2.07	31.8	118
干窑镇	范泾村	30.91717	120.8968	6.2	42.1	2.95	117.7	396
干窑镇	干窑村	30.89285	120.905	6	42.6	2.15	7	145
干窑镇	干窑村	30.89781	120.9003	6.4	46.2	2.58	79.5	247
干窑镇	胡家埭村	30.93278	120.9331	6.2	46.2	2.56	94	126
干窑镇	胡家埭村	30.92556	120.9339	6.6	39.3	2.07	34.4	95
干窑镇	胡家埭村	30.9275	120.9378	6.2	50	2.61	40.6	157
干窑镇	胡家埭村	30.92278	120.9314	6.2	50	2.61	40.6	157
干窑镇	胡家埭村	30.91972	120.9322	6.4	41.1	2.32	23.2	113
干窑镇	胡家埭村	30.91667	120.9306	6.6	37.6	2.1	24.9	106
干窑镇	胡家埭村	30.92167	120.935	6.3	43.8	2.57	35	122
干窑镇	胡家埭村	30.93222	120.9311	6.5	42.1	2.57	41.5	97
干窑镇	胡家埭村	30.93556	120.9286	6.3	43.7	2.59	46.6	117
干窑镇	胡家埭村	30.93333	120.9261	6.2	46	2.55	25.6	127
干窑镇	胡家埭村	30.92639	120.9256	6.1	38.9	2.2	31.3	123
干窑镇	胡家埭村	30.92944	120.9247	6.3	38.6	2.15	23.1	117
干窑镇	胡家埭村	30.92861	120.9222	6.4	41.5	2.51	40.6	96
干窑镇	胡家埭村	30.91972	120.9228	6.1	44.7	2.55	14.5	137
干窑镇	胡家埭村	30.93556	120.9228	6.6	44.7	2.6	40.2	99
干窑镇	胡家埭村	30.93306	120.9222	6.3	36.7	2.29	11.5	108
干窑镇	胡家埭村	30.935	120.9183	6.2	38.4	2.18	6.6	128

（续表）

镇(街道)名称	村名称	北纬	东经	pH值	有机质(g/kg)	全氮(g/kg)	有效磷(mg/kg)	速效钾(mg/kg)
干窑镇	胡家垱村	30.93194	120.9186	6.2	33.5	2.01	18.6	107
干窑镇	胡家垱村	30.93272	120.9316	6.6	37.4	2.13	4.3	111
干窑镇	胡家垱村	30.92694	120.9283	6.6	44.1	2.35	30.8	123
干窑镇	黎明村	30.90056	120.8856	6.3	38.8	2.14	13.4	91
干窑镇	黎明村	30.8975	120.885	5.7	35.8	2.38	5.6	122
干窑镇	黎明村	30.89333	120.9183	6.2	51.7	2.8	7.5	135
干窑镇	黎明村	30.89882	120.8963	6	39.1	1.95	11.2	161
干窑镇	黎明村	30.89837	120.8981	5.8	45.5	2.24	13.1	156
干窑镇	茆里村	30.91361	120.9264	6.3	43.4	2.51	39.5	147
干窑镇	茆里村	30.91694	120.9283	5.7	44.9	2.57	46.9	166
干窑镇	茆里村	30.9225	120.9269	6	41.1	2.38	5.1	99
干窑镇	茆里村	30.92306	120.9228	6.2	42.5	2.68	71.6	199
干窑镇	茆里村	30.91972	120.9217	6.1	58.1	3.51	11	201
干窑镇	茆里村	30.91944	120.9244	6.1	45.5	2.56	15.8	116
干窑镇	茆里村	30.91611	120.9247	6.3	58.7	3.33	99.5	106
干窑镇	茆里村	30.91306	120.9219	6.2	39	2.31	25.9	118
干窑镇	茆里村	30.91306	120.9194	6.2	37.8	2.37	27.4	125
干窑镇	茆里村	30.91056	120.9219	5.8	35.2	2.09	23.5	131
干窑镇	茆里村	30.90972	120.9253	6.1	32.2	3.02	6.6	109
干窑镇	茆里村	30.90694	120.9217	6	35.9	2.02	16.2	103
干窑镇	茆里村	30.90667	120.9253	6.3	41.2	2.48	20.4	104
干窑镇	茆里村	30.91278	120.9136	6.1	47.8	2.93	111.5	153
干窑镇	茆里村	30.91028	120.9325	6.2	43.1	2.6	58.5	110
干窑镇	茆里村	30.91	120.935	5.6	39.6	2.49	21.1	144

（续表）

镇(街道)名称	村名称	北纬	东经	pH值	有机质(g/kg)	全氮(g/kg)	有效磷(mg/kg)	速效钾(mg/kg)
干窑镇	茜里村	30.91361	120.9344	5.4	49.6	4.18	165.5	478
干窑镇	茜里村	30.91333	120.9364	6.8	43.6	2.41	58	124
干窑镇	茜里村	30.91611	120.9319	6.2	41.8	2.58	45.9	104
干窑镇	茜里村	30.91872	120.9314	6.1	34.7	2.18	14.5	98
干窑镇	茜里村	30.90872	120.9332	6.6	48.1	2.46	29.9	116
干窑镇	南宙村	30.89778	120.8775	6.2	52.1	2.92	57.2	154
干窑镇	南宙村	30.8975	120.8756	5.9	43.2	2.85	5.4	111
干窑镇	南宙村	30.90167	120.8814	5.9	41.3	2.72	139	374
干窑镇	南宙村	30.90083	120.8778	6.5	45.8	2.51	22.1	138
干窑镇	南宙村	30.90361	120.8811	5.8	41.8	2.62	5.4	128
干窑镇	南宙村	30.90139	120.8747	6.2	35.9	2.14	10.1	146
干窑镇	南宙村	30.89944	120.87	5.8	45.4	2.83	5.4	97
干窑镇	南宙村	30.90286	120.8787	6.4	38.3	2.02	9.9	159
干窑镇	新星村	30.91694	120.8889	6.1	42.8	2.15	8	118
干窑镇	新星村	30.91056	120.8778	6.1	42.6	2.53	25.8	125
干窑镇	新星村	30.91083	120.8742	5.8	48.4	2.17	15.9	159
干窑镇	新星村	30.91028	120.8717	5.8	40.6	2.39	8.4	142
干窑镇	新星村	30.9075	120.87	6	41.3	2.26	26.2	149
干窑镇	新星村	30.90722	120.8675	5.7	36	1.83	5	148
干窑镇	新星村	30.91028	120.8675	6.1	36.8	2.17	8.1	102
干窑镇	新星村	30.9125	120.8675	5.8	42.3	2.4	8.2	133
干窑镇	新星村	30.91361	120.8747	6.1	43.8	2.39	38.1	147
干窑镇	新星村	30.91361	120.8769	5.9	39.2	2.24	8.3	195
干窑镇	新星村	30.91528	120.8744	5.6	39.6	2.32	9.9	138

（续表）

镇(街道)名称	村名称	北纬	东经	pH值	有机质(g/kg)	全氮(g/kg)	有效磷(mg/kg)	速效钾(mg/kg)
干窑镇	新星村	30.916	120.8699	7.1	14.3	1.34	39	269
干窑镇	新星村	30.91176	120.8703	6	39.1	2.18	11.2	103
干窑镇	俞曹村	30.90492	120.9085	6.5	51.9	3.25	113.2	135
干窑镇	治本村	30.89286	120.8795	6.4	39.3	2.16	11.3	121
天凝镇	道德村	30.91639	120.7742	5.8	46.9	2.52	5.6	106
天凝镇	道德村	30.91596	120.7696	6	45.2	2.47	46.1	90
天凝镇	道德村	30.91778	120.7669	6	45.7	2.57	9.2	91
天凝镇	道德村	30.91972	120.7681	6.2	21.3	1.18	11.8	103
天凝镇	道德村	30.92639	120.7708	6.4	53.1	2.85	7.9	87
天凝镇	道德村	30.91627	120.7712	6.1	44.8	2.35	11.7	101
天凝镇	东方红村	30.88944	120.8139	6.2	46.5	2.48	24.5	129
天凝镇	东方红村	30.88694	120.8164	5.9	43.8	2.4	13.1	106
天凝镇	东方红村	30.89028	120.8161	5.8	41.6	2.27	4.3	117
天凝镇	东方红村	30.89194	120.8158	6.2	40.1	2.14	4.9	144
天凝镇	东方红村	30.89194	120.8136	6.1	41.5	2.26	6	107
天凝镇	东方红村	30.8875	120.8142	6.1	51.3	2.81	11.2	129
天凝镇	东方红村	30.885	120.8144	6.2	45.8	2.6	35	161
天凝镇	东方红村	30.88361	120.8142	6	45.2	2.44	23.2	117
天凝镇	东方红村	30.88389	120.8092	6.2	43.6	2.47	11.2	125
天凝镇	东方红村	30.8875	120.8089	5.9	55.4	2.76	5	160
天凝镇	东方红村	30.88889	120.8067	6	52.4	2.8	8	122
天凝镇	东方红村	30.88889	120.8047	6.2	48.7	2.71	7.9	112
天凝镇	东方红村	30.88889	120.8097	5.5	48.3	2.61	4.6	160
天凝镇	东方红村	30.89194	120.8133	6.1	44.7	2.52	7.3	121

镇（街道）名称	村名称	北纬	东经	pH值	有机质（g/kg）	全氮（g/kg）	有效磷（mg/kg）	速效钾（mg/kg）
天凝镇	东方红村	30.89194	120.8064	6	53.3	2.76	7.2	157
天凝镇	东方红村	30.89139	120.8106	5.8	47.5	2.55	10.1	150
天凝镇	东方红村	30.8848	120.8082	5.8	44.8	2.35	10.7	116
天凝镇	东方红村	30.89303	120.8094	5.8	34.8	2.34	12.5	105
天凝镇	东顺村	30.90278	120.8072	6.1	49.2	2.54	16.4	118
天凝镇	东顺村	30.90222	120.8136	6.3	50	2.82	12.1	101
天凝镇	东顺村	30.90417	120.8142	6	42.3	2.24	7.9	145
天凝镇	东顺村	30.90417	120.8119	6.2	46	2.39	11.2	159
天凝镇	东顺村	30.90408	120.8128	6.7	39.8	2.35	43	130
天凝镇	蒋村	30.93361	120.7706	5.7	39.6	2.14	7.3	104
天凝镇	蒋村	30.92083	120.795	5.8	37.6	2.1	4.1	90
天凝镇	蒋村	30.92639	120.7925	5.9	45.8	2.33	5.1	121
天凝镇	蒋村	30.92361	120.7986	5.9	44.1	2.41	10.3	102
天凝镇	蒋村	30.92361	120.8003	5.9	38.1	2.01	50.3	134
天凝镇	蒋村	30.92694	120.7983	6.1	48.4	2.64	36.8	166
天凝镇	蒋村	30.92694	120.7975	5.9	32.9	1.87	7.1	97
天凝镇	蒋村	30.93	120.7986	6	45	2.34	5.4	110
天凝镇	蒋村	30.9235	120.796	5.8	38.8	2.07	12.6	119
天凝镇	南熟村	30.91083	120.7817	6.2	44.7	2.44	6.8	118
天凝镇	南熟村	30.91056	120.7756	5.9	56.2	2.85	17.9	129
天凝镇	南熟村	30.90917	120.78	6.2	36.8	1.91	11.8	139
天凝镇	南熟村	30.90694	120.7814	5.5	39.3	2.27	9.5	111
天凝镇	南熟村	30.90889	120.7778	6.6	40.6	2.04	6.6	147
天凝镇	南熟村	30.9	120.7742	6.1	49.7	2.62	21.1	137

（续表）

镇(街道)名称	村名称	北纬	东经	pH值	有机质(g/kg)	全氮(g/kg)	有效磷(mg/kg)	速效钾(mg/kg)
天凝镇	南熟村	30.9075	120.77	6.6	38.9	2.3	8.2	142
天凝镇	南熟村	30.90778	120.7722	6.1	57.8	2.85	12.3	150
天凝镇	南熟村	30.90717	120.7726	5.8	47.2	2.41	9.8	129
天凝镇	凝北村	30.90639	120.7997	6	3.2	1.74	5.1	104
天凝镇	凝北村	30.9325	120.7772	5.9	40.6	2.11	4.5	99
天凝镇	凝北村	30.92944	120.7786	6	4.4	2.24	3.2	119
天凝镇	凝北村	30.935	120.7819	6	47.1	2.42	5.5	134
天凝镇	凝北村	30.93333	120.7836	6.1	46.9	2.26	6.6	123
天凝镇	凝北村	30.93417	120.79	6	43.5	2.11	18.7	87
天凝镇	凝北村	30.93139	120.7925	6.1	44.4	2.24	23.2	168
天凝镇	凝北村	30.92889	120.7947	6	3.7	1.82	6.3	138
天凝镇	凝北村	30.93278	120.7944	6.1	41.7	2.26	8.3	107
天凝镇	凝北村	30.93389	120.7936	5.8	40.8	2.27	10.9	76
天凝镇	凝北村	30.93139	120.7847	6.1	50.4	2.67	14.8	99
天凝镇	凝北村	30.92889	120.7808	6	3.9	2.04	12.4	113
天凝镇	凝北村	30.93806	120.7883	6.2	52.6	2.65	13.5	161
天凝镇	凝北村	30.93828	120.7876	6	39.1	2.35	14.9	96
天凝镇	凝北村	30.93864	120.7864	6.1	41.9	2.44	8.3	130
天凝镇	凝南村	30.89139	120.7925	5.8	45.5	2.44	5.3	135
天凝镇	凝南村	30.88556	120.8036	6.6	54.7	3.09	42.8	130
天凝镇	凝南村	30.88111	120.7981	5.9	40.1	2.33	5	105
天凝镇	凝南村	30.87972	120.8003	5.7	43.1	2.32	7.1	171
天凝镇	凝南村	30.88	120.8019	5.9	43.9	2.4	8.3	152
天凝镇	凝南村	30.87889	120.8017	5.8	48.5	2.78	6.5	127

（续表）

镇(街道)名称	村名称	北纬	东经	pH值	有机质(g/kg)	全氮(g/kg)	有效磷(mg/kg)	速效钾(mg/kg)
天凝镇	凝南村	30.87917	120.8053	6	36.6	2.5	9	118
天凝镇	凝南村	30.89222	120.7975	5.9	52.3	2.9	13.3	93
天凝镇	凝南村	30.87861	120.8047	6	39.5	2.35	11.2	94
天凝镇	天凝村	30.90139	120.8014	6.3	46.9	2.43	9.6	161
天凝镇	天凝村	30.90639	120.8019	6	47.8	2.49	10.9	168
天凝镇	天凝村	30.91028	120.7992	5.9	43.4	2.31	10.9	131
天凝镇	天凝村	30.90722	120.8014	6	44.8	2.44	8	116
天凝镇	天凝村	30.90811	120.8026	6.3	51.9	2.8	14.9	150
天凝镇	天凝村	30.90478	120.8003	5.5	44.3	2.24	52.4	146
天凝镇	五星村	30.90528	120.7897	6.1	47.4	2.51	7.1	160
天凝镇	五星村	30.90694	120.7936	6.4	42.3	2.33	8.8	140
天凝镇	五星村	30.90694	120.7961	6.2	42.7	2.33	10.3	118
天凝镇	五星村	30.91222	120.7956	6.3	45.1	2.24	8	158
天凝镇	五星村	30.91472	120.795	6.1	44.5	2.37	6.6	99
天凝镇	五星村	30.91556	120.7897	5.9	41	2.24	4.8	114
天凝镇	五星村	30.91472	120.7881	5.8	45.1	2.35	4.7	91
天凝镇	五星村	30.91556	120.7958	6.2	41.1	2	5.8	147
天凝镇	五星村	30.91556	120.7958	5.9	39.3	2.04	6.3	118
天凝镇	五星村	30.91361	120.7945	6.1	42.6	2.18	10.3	97
天凝镇	渔雪村	30.92639	120.7708	5.8	39.5	2.08	6	102
天凝镇	渔雪村	30.9175	120.7797	6	41.7	2.21	29.1	117
天凝镇	渔雪村	30.92028	120.7794	6	39.6	2.11	8.6	89
天凝镇	渔雪村	30.92278	120.7789	6.2	34	1.8	9.6	77
天凝镇	渔雪村	30.91444	120.7772	6.3	41.5	2.18	10.5	89

（续表）

镇(街道) 名称	村名称	北纬	东经	pH 值	有机质 (g/kg)	全氮 (g/kg)	有效磷 (mg/kg)	速效钾 (mg/kg)
天凝镇	渔雪村	30.91722	120.775	6.1	51.3	2.69	6.5	114
天凝镇	渔雪村	30.92083	120.7736	6.6	31.3	1.58	7.5	81
天凝镇	渔雪村	30.9205	120.7792	5.9	39.5	2.18	13.1	80
天凝镇	正联村	30.92111	120.775	6.4	33.4	1.8	6.3	98
天凝镇	正联村	30.93028	120.7683	6.1	44.3	2.26	6.2	115
天凝镇	正联村	30.92889	120.7631	6.1	31.7	1.7	5.7	97
天凝镇	正联村	30.93361	120.7706	6.2	44.5	2.36	5.3	107
天凝镇	正联村	30.92611	120.7655	6.3	31.4	1.74	9.3	112
天凝镇	福善泾村	30.8975	120.8406	6.4	43.1	2.49	14.1	130
天凝镇	福善泾村	30.89556	120.8247	6.3	41.2	2.09	7.2	121
天凝镇	福善泾村	30.90417	120.8297	6.3	46.2	2.51	17.2	118
天凝镇	福善泾村	30.90333	120.8242	6.3	40.3	2.31	7.9	121
天凝镇	福善泾村	30.90333	120.8214	6.4	37.4	2.03	5	102
天凝镇	福善泾村	30.90403	120.8311	6.6	39.5	2.32	17.7	135
天凝镇	洪南村	30.88667	120.8319	5.9	48.3	2.67	7.9	159
天凝镇	洪南村	30.88806	120.8267	6	47.8	2.75	12.2	132
天凝镇	洪南村	30.88444	120.8267	6.1	41.2	2.44	5.8	115
天凝镇	洪南村	30.88417	120.8242	5.9	53.2	2.93	7.8	136
天凝镇	洪南村	30.88806	120.8228	6	49.2	2.69	5.6	150
天凝镇	洪南村	30.89139	120.8242	5.9	41.1	2.32	9.1	122
天凝镇	洪南村	30.88444	120.8397	6.3	14.8	0.94	9.8	144
天凝镇	洪南村	30.88472	120.8386	6.1	27.3	1.88	149	429
天凝镇	洪南村	30.90139	120.8367	6.2	46.5	2.62	5.1	150
天凝镇	洪南村	30.88528	120.8453	5.9	44.9	2.61	4.9	162

（续表）

镇(街道)名称	村名称	北纬	东经	pH值	有机质(g/kg)	全氮(g/kg)	有效磷(mg/kg)	速效钾(mg/kg)
天凝镇	洪南村	30.88306	120.8456	6	50.7	2.78	9.3	137
天凝镇	洪南村	30.88806	120.8481	6	39.3	2.36	11.5	173
天凝镇	洪南村	30.88639	120.8389	6	41.7	2.47	9.4	124
天凝镇	洪南村	30.88944	120.8403	6.2	36.7	2.11	6.4	128
天凝镇	洪南村	30.89139	120.8378	6.2	40.9	2.25	5	116
天凝镇	洪南村	30.89167	120.5089	6.5	41.9	2.19	5.6	170
天凝镇	洪南村	30.89472	120.8461	6.6	30.3	1.67	9.7	97
天凝镇	洪南村	30.89389	120.8433	6.5	36.9	2.05	5.3	147
天凝镇	洪南村	30.895	120.835	6.2	43	2.08	6.7	120
天凝镇	洪南村	30.89306	120.8328	6.7	37.7	2.11	6.3	128
天凝镇	洪南村	30.89139	120.835	6.2	40.9	2.33	3.2	139
天凝镇	洪南村	30.89083	120.8322	6.6	38.4	2.22	5.7	121
天凝镇	洪南村	30.89194	120.8197	6.6	34.9	1.91	6.2	92
天凝镇	洪南村	30.88446	120.8398	5.3	27.1	1.68	26.2	186
天凝镇	洪溪村	30.90694	120.8325	6.3	35.7	1.95	4.6	120
天凝镇	洪溪村	30.91333	120.8275	5.9	43.6	2.35	5.6	118
天凝镇	洪溪村	30.91611	120.8264	5.8	43.2	2.341	6.1	101
天凝镇	洪溪村	30.91472	120.835	6.3	34.3	1.92	4.1	110
天凝镇	洪溪村	30.90833	120.8417	6.2	39.4	2.12	4.1	149
天凝镇	洪溪村	30.91617	120.8305	5.8	38.6	2.3	12.6	102
天凝镇	建设村	30.92639	120.8475	6.2	43.6	2.35	8.2	89
天凝镇	建设村	30.92417	120.8433	6	40.7	2.17	6.5	137
天凝镇	建设村	30.92111	120.8428	6.1	44.7	2.54	12	117
天凝镇	建设村	30.92028	120.8453	6.4	32.9	1.91	7.8	150

（续表）

镇(街道)名称	村名称	北纬	东经	pH值	有机质 (g/kg)	全氮 (g/kg)	有效磷 (mg/kg)	速效钾 (mg/kg)
天凝镇	建设村	30.92083	120.8456	6.4	29.1	1.74	6.8	123
天凝镇	建设村	30.92194	120.8453	6.5	29.4	1.71	18.4	154
天凝镇	建设村	30.9175	120.8431	6.3	50.3	2.58	16.4	124
天凝镇	建设村	30.9175	120.8467	6.6	46.2	2.58	9.8	122
天凝镇	建设村	30.92139	120.8492	6.4	41	2.29	8.4	115
天凝镇	建设村	30.92	120.8492	5.8	34.5	1.9	9.1	84
天凝镇	建设村	30.92467	120.8459	6.3	47.6	2.73	14.9	143
天凝镇	建设村	30.92847	120.8439	5.8	38.6	2.02	17.3	130
天凝镇	乐荆桥村	30.89028	120.8528	6.4	39.6	2.21	5.7	153
天凝镇	乐荆桥村	30.89	120.8575	6.4	33.9	1.89	10.1	113
天凝镇	乐荆桥村	30.895	120.8561	6.2	44.8	2.44	15.6	96
天凝镇	乐荆桥村	30.8975	120.8522	6.1	37.5	2.15	4.9	134
天凝镇	乐荆桥村	30.90167	120.8472	6.4	37	2.08	5.3	131
天凝镇	乐荆桥村	30.89833	120.8425	6.2	40.3	2.29	6.1	143
天凝镇	乐荆桥村	30.90411	120.8527	6.3	42.2	2.67	6	128
天凝镇	联谊村	30.91806	120.8239	6.2	40.6	2.2	3.9	124
天凝镇	联谊村	30.91611	120.8228	6.2	37.8	1.94	6.9	104
天凝镇	联谊村	30.91611	120.8158	5.6	40.3	1.9	8.1	119
天凝镇	联谊村	30.92	120.8222	5.8	47.6	2.35	10.1	124
天凝镇	联谊村	30.91972	120.8175	6	38.9	2.1	9.6	110
天凝镇	联谊村	30.92361	120.8153	6.3	40.2	2.18	10.8	82
天凝镇	联谊村	30.92472	120.8142	6.3	37.7	2.01	12.5	91
天凝镇	联谊村	30.92639	120.8	6.2	39.4	2.04	7.5	129
天凝镇	联谊村	30.92667	120.8075	6	48	2.6	5.8	109

（续表）

镇（街道）名称	村名称	北纬	东经	pH值	有机质(g/kg)	全氮(g/kg)	有效磷(mg/kg)	速效钾(mg/kg)
天凝镇	联谊村	30.92667	120.8017	5.7	35	1.89	10.9	102
天凝镇	联谊村	30.92861	120.8025	6	33.6	1.88	5.9	94
天凝镇	联谊村	30.92278	120.8053	5.9	46.5	2.33	11.6	107
天凝镇	联谊村	30.92606	120.8054	5.8	39.1	2.18	14.4	119
天凝镇	六合浜村	30.92583	120.8547	5.7	38.3	2.17	15.8	82
天凝镇	六合浜村	30.92778	120.8542	6.1	39.8	2.03	7.1	102
天凝镇	六合浜村	30.92944	120.8556	5.6	44.4	2.45	12.2	107
天凝镇	六合浜村	30.92833	120.8567	6.3	37.7	2.16	9.4	94
天凝镇	六合浜村	30.93194	120.8622	6.2	39.4	2.39	17.4	115
天凝镇	六合浜村	30.93306	120.8606	5.9	42.6	2.27	5.7	114
天凝镇	六合浜村	30.93222	120.8661	6.1	40.7	2.3	3.9	147
天凝镇	六合浜村	30.9275	120.8669	6.2	45	2.57	33	131
天凝镇	六合浜村	30.92417	120.87	5.9	47.1	2.41	37.9	97
天凝镇	六合浜村	30.92639	120.8528	6.3	25.6	1.59	43.9	183
天凝镇	马塔塘村	30.91306	120.8158	6	47.3	2.42	13	138
天凝镇	马塔塘村	30.91278	120.8119	6	38.6	2.1	5.4	115
天凝镇	马塔塘村	30.9125	120.8092	5.7	50.3	2.36	5.2	101
天凝镇	马塔塘村	30.90917	120.8139	5.8	35	1.82	6.3	97
天凝镇	马塔塘村	30.91167	120.8208	5.9	44.8	2.21	3.5	140
天凝镇	马塔塘村	30.90889	120.8214	6.1	42.3	2.32	5.2	104
天凝镇	马塔塘村	30.91	120.8261	5.9	42.6	2.2	11.3	106
天凝镇	马塔塘村	30.90806	120.8275	6	46.4	2.48	6.2	131
天凝镇	马塔塘村	30.90806	120.8306	6.3	40.9	2.23	4.9	106
天凝镇	马塔塘村	30.91211	120.816	6.1	41.7	2.41	5.1	115

（续表）

镇(街道)名称	村名称	北纬	东经	pH值	有机质(g/kg)	全氮(g/kg)	有效磷(mg/kg)	速效钾(mg/kg)
天凝镇	三发村	30.91556	120.8406	6.2	44.9	2.35	3.7	117
天凝镇	三发村	30.91861	120.8383	6.3	34.2	2.01	7.1	82
天凝镇	三发村	30.92167	120.8386	6.2	39.7	2.18	4.8	107
天凝镇	三发村	30.92667	120.84	6.3	35.5	1.93	2.1	105
天凝镇	三发村	30.92917	120.835	6.3	36.3	1.95	12.1	86
天凝镇	三发村	30.92917	120.8294	5.7	40.5	2.18	6.2	90
天凝镇	三发村	30.92111	120.8353	6.1	37.6	2.06	5.7	116
天凝镇	三发村	30.9225	120.8328	6.2	40.6	2.25	8.3	110
天凝镇	三发村	30.92083	120.8314	6.1	41.2	2.18	7.3	118
天凝镇	三发村	30.92194	120.8275	6	50.1	2.11	4.2	115
天凝镇	三发村	30.92667	120.8225	5.6	40.4	2.19	9.5	119
天凝镇	三发村	30.92583	120.8197	6	34.3	1.8	4.2	111
天凝镇	三发村	30.92861	120.8183	6.3	41.8	2.14	5.9	86
天凝镇	三发村	30.92667	120.8278	6.3	40.2	2.11	8.4	89
天凝镇	三发村	30.92639	120.8394	6.4	23.8	1.34	9.2	107
天凝镇	三发村	30.92167	120.8356	6.6	29.8	1.46	10.1	111
天凝镇	三发村	30.92194	120.8339	6.6	40.2	1.5	9.6	119
天凝镇	塘东村	30.9225	120.8542	6.1	45.3	2.52	6	114
天凝镇	塘东村	30.9225	120.865	6.1	40.7	2.14	32.8	112
天凝镇	塘东村	30.92111	120.855	6.3	43.6	2.2	5.9	124
天凝镇	塘东村	30.91111	120.8636	6.1	41.5	2.33	15.5	103
天凝镇	塘东村	30.92083	120.8742	6.2	42	2.34	15.8	106
天凝镇	塘东村	30.92111	120.8678	6.2	42.7	2.42	13.5	151
天凝镇	塘东村	30.91583	120.86	6.3	40.3	2.25	4	120

（续表）

镇(街道)名称	村名称	北纬	东经	pH值	有机质(g/kg)	全氮(g/kg)	有效磷(mg/kg)	速效钾(mg/kg)
天凝镇	塘东村	30.91444	120.8539	6.2	38.4	2.1	9.1	111
天凝镇	塘东村	30.91972	120.8753	7.2	15	1.13	76.5	560
天凝镇	塘东村	30.91222	120.8572	5.6	13.9	0.79	13	141
天凝镇	杨树村	30.90611	120.8525	6.2	35.4	2.05	8.8	121
天凝镇	杨树村	30.90694	120.8561	6.4	37.6	2.11	12.9	113
天凝镇	杨树村	30.91083	120.8458	6.4	39.8	2.25	6.9	102
天凝镇	杨树村	30.91083	120.8492	6.3	38.5	2.11	8.7	91
天凝镇	杨树村	30.90389	120.8489	6.4	36.2	1.99	6.1	100
天凝镇	杨树村	30.905	120.8622	6.1	39.6	2.03	6.5	117
天凝镇	杨树村	30.90444	120.8544	6.2	37.7	2.13	4.3	115
天凝镇	杨树村	30.91194	120.8522	5.9	35	1.86	7	110
天凝镇	杨树村	30.90764	120.8568	6.4	36.4	2.11	14.9	142
天凝镇	光明村	30.84944	120.7964	6.3	46.5	3.09	96.8	110
天凝镇	光明村	30.84917	120.7942	6.6	47.4	2.78	46.1	107
天凝镇	光明村	30.86389	120.7933	5.9	43.5	2.79	68	186
天凝镇	光明村	30.8475	120.7944	6.2	43.9	2.3	6.6	91
天凝镇	光明村	30.8475	120.7964	6.1	55.2	2.91	62.2	111
天凝镇	光明村	30.84611	120.7964	6.1	67.5	3.65	75.6	104
天凝镇	光明村	30.84444	120.7944	5.7	50.4	3.35	85.5	233
天凝镇	光明村	30.8475	120.7986	6.2	52.5	3.11	83	102
天凝镇	光明村	30.84722	120.8008	5.2	46.6	2.88	47	104
天凝镇	光明村	30.84556	120.8033	6.1	53.7	3.1	136.9	110
天凝镇	光明村	30.84444	120.7981	6	60.4	3.24	62.5	108
天凝镇	光明村	30.83778	120.7917	6.3	60.7	3.37	59	104

（续表）

镇(街道)名称	村名称	北纬	东经	pH值	有机质 (g/kg)	全氮 (g/kg)	有效磷 (mg/kg)	速效钾 (mg/kg)
天凝镇	光明村	30.83833	120.795	5.8	57	2.39	75.8	104
天凝镇	光明村	30.835	120.7928	5.5	55.4	3.22	51.5	103
天凝镇	光明村	30.82972	120.8042	7	47.8	3.37	121	118
天凝镇	光明村	30.8325	120.8022	6.9	85.8	2.94	234	125
天凝镇	光明村	30.83556	120.7986	6.5	50.2	3.26	91.5	116
天凝镇	光明村	30.83806	120.8003	6.6	47.2	2.73	98.5	103
天凝镇	光明村	30.83889	120.7994	5.8	53	2.95	56.2	145
天凝镇	光明村	30.83972	120.8011	5.2	49.9	2.84	32	133
天凝镇	光明村	30.84167	120.8022	6.3	66.5	4.58	178.5	111
天凝镇	光明村	30.85056	120.8078	6	49.7	3.08	125.5	115
天凝镇	光明村	30.83894	120.8008	6.5	47.1	2.61	18.2	126
天凝镇	光明村	30.83686	120.7964	7	42.6	2.86	71	150
天凝镇	光明村	30.82889	120.804	6	42.1	2.78	48.6	152
天凝镇	光明村	30.83514	120.8	6.2	46.7	2.67	38.3	123
天凝镇	光明村	30.83894	120.7978	6.1	55.3	3.25	23.4	166
天凝镇	光明村	30.8455	120.7954	6.5	44.1	2.13	33.6	138
天凝镇	光明村	30.84686	120.7933	6.3	60.9	3.25	40.6	118
天凝镇	光明村	30.85053	120.7966	6.9	58.1	2.91	98	147
天凝镇	麟溪村	30.8575	120.8203	6.1	47.3	2.72	8.1	152
天凝镇	麟溪村	30.85889	120.8197	6	49	2.83	11.6	127
天凝镇	麟溪村	30.85972	120.8206	5.9	42.4	2.33	11	145
天凝镇	麟溪村	30.85833	120.8175	6.1	46.6	2.67	14.1	99
天凝镇	麟溪村	30.85111	120.8129	5.8	44.7	2.5	23.8	127
天凝镇	麟溪村	30.84806	120.8125	5.7	40.2	2.52	28.7	155

（续表）

镇(街道)名称	村名称	北纬	东经	pH值	有机质(g/kg)	全氮(g/kg)	有效磷(mg/kg)	速效钾(mg/kg)
天凝镇	麟溪村	30.84583	120.8147	6	44	2.37	6.1	160
天凝镇	芦荡村	30.8725	120.8353	6.4	52.3	2.96	16.2	134
天凝镇	芦荡村	30.86944	120.8342	6.1	46.2	2.64	13.5	157
天凝镇	芦荡村	30.86944	120.8392	5.8	46.7	2.79	10.8	123
天凝镇	芦荡村	30.86778	120.8369	5.7	52	2.91	7.4	175
天凝镇	芦荡村	30.86806	120.8431	6.2	49.4	2.86	17.5	122
天凝镇	芦荡村	30.8675	120.8444	5.9	52.4	2.33	17	147
天凝镇	芦荡村	30.86583	120.8478	5.6	49	2.88	18.3	125
天凝镇	芦荡村	30.865	120.85	6.2	49.1	2.78	22.2	168
天凝镇	芦荡村	30.86139	120.8511	6.2	43.1	2.32	28.1	138
天凝镇	芦荡村	30.86222	120.8489	6.2	43	2.52	9.9	121
天凝镇	芦荡村	30.86083	120.8453	6.2	47.1	2.71	22.1	209
天凝镇	芦荡村	30.85889	120.8475	6.1	44	2.42	9.5	112
天凝镇	芦荡村	30.86083	120.8422	6.1	48.4	2.88	19	100
天凝镇	芦荡村	30.86317	120.8469	6.6	37.9	2.35	14.5	108
天凝镇	勤丰村	30.87889	120.7928	6	47.3	2.71	13.6	109
天凝镇	勤丰村	30.87694	120.7928	6	48.2	2.77	8.8	148
天凝镇	勤丰村	30.87417	120.7931	6.3	49.8	2.91	34.2	114
天凝镇	勤丰村	30.87417	120.7944	6.2	57.3	3.13	20.7	153
天凝镇	勤丰村	30.87556	120.7942	6.7	54.7	3.11	31.8	159
天凝镇	勤丰村	30.87778	120.7942	6.2	50.2	2.33	32	315
天凝镇	勤丰村	30.88111	120.7942	5.9	49	2.7	7.8	143
天凝镇	勤丰村	30.875	120.7972	6.1	40.8	2.87	9.1	160
天凝镇	勤丰村	30.87611	120.8006	6.3	57.9	3.1	8.3	152

（续表）

镇(街道)名称	村名称	北纬	东经	pH值	有机质(g/kg)	全氮(g/kg)	有效磷(mg/kg)	速效钾(mg/kg)
天凝镇	勤丰村	30.87583	120.8044	6.8	57.5	3.43	34.8	176
天凝镇	勤丰村	30.8725	120.8056	6.6	49	2.67	12.5	142
天凝镇	勤丰村	30.87306	120.8017	6.2	47.5	2.93	50	114
天凝镇	勤丰村	30.87111	120.8003	6.2	42.7	2.52	11.6	135
天凝镇	勤丰村	30.86917	120.8003	6.1	43	2.44	7.3	127
天凝镇	勤丰村	30.87028	120.8033	6.4	45	2.68	10.6	120
天凝镇	勤丰村	30.86639	120.8028	6.2	46.1	2.72	14.4	123
天凝镇	勤丰村	30.86889	120.7953	6.3	35.4	2.08	12.4	86
天凝镇	勤丰村	30.86917	120.7944	6.2	36.5	2.06	31.7	83
天凝镇	勤丰村	30.86694	120.7947	5.9	34.3	1.92	3.9	96
天凝镇	勤丰村	30.86444	120.7992	6.3	41.1	2.49	24.9	135
天凝镇	勤丰村	30.86361	120.8006	6.6	51	2.91	56.5	166
天凝镇	勤丰村	30.86444	120.8031	6.1	40.5	2.51	8.1	113
天凝镇	勤丰村	30.87178	120.7956	6.6	37.9	2.02	25.7	107
天凝镇	三店村	30.85369	120.8319	7	39.4	2.39	4.1	105
天凝镇	三店村	30.85125	120.8327	5.2	44.9	2.63	8.8	108
天凝镇	三店村	30.85556	120.8378	5.8	44.8	2.53	8.8	129
天凝镇	三店村	30.85444	120.8365	5.5	45.5	2.68	10.9	112
天凝镇	三店村	30.85597	120.839	5.6	56.2	3.21	13.6	143
天凝镇	三店村	30.85733	120.8401	5.7	39.3	2.32	15	129
天凝镇	三店村	30.85986	120.8374	5.3	44.2	2.93	12.6	100
天凝镇	三店村	30.85817	120.8433	5.8	50.9	2.8	34.7	133
天凝镇	三店村	30.85581	120.8463	5.8	42.8	2.28	21.1	145
天凝镇	三店村	30.85611	120.8483	5.5	51.3	3.02	44	106

（续表）

镇(街道)名称	村名称	北纬	东经	pH值	有机质(g/kg)	全氮(g/kg)	有效磷(mg/kg)	速效钾(mg/kg)
天凝镇	三店村	30.85472	120.8473	6	44.1	2.48	8.4	199
天凝镇	三店村	30.85444	120.8436	5.8	41.2	2.4	23.1	132
天凝镇	三店村	30.84861	120.8439	5.7	46.3	2.5	23.1	111
天凝镇	三店村	30.85244	120.8358	6	32.8	1.81	14.2	91
天凝镇	三联村	30.8625	120.8164	5.8	42.9	2.55	16.1	131
天凝镇	三联村	30.865	120.8161	6.2	49.5	2.8	37.5	149
天凝镇	三联村	30.85917	120.815	5.6	37.6	2.24	10.2	117
天凝镇	三联村	30.8575	120.815	5.5	38.6	2.34	28	136
天凝镇	三联村	30.8625	120.8108	6.1	41.2	2.39	9.7	165
天凝镇	三联村	30.85917	120.8106	5.8	45.2	2.8	42.3	99
天凝镇	三联村	30.86139	120.8089	5.9	45.5	2.53	54	123
天凝镇	三联村	30.86222	120.8064	6.1	36	2.1	19.4	105
天凝镇	三联村	30.86333	120.8097	5.3	43.6	2.66	17.8	120
天凝镇	三联村	30.85097	120.8074	6.1	38.5	2.32	12.1	91
天凝镇	三联村	30.86575	120.8067	6.2	36.6	2.26	12	114
天凝镇	四达村	30.85406	120.8274	6	40	2.21	9.4	117
天凝镇	四达村	30.855	120.8294	6.1	37.4	2.08	11.5	110
天凝镇	四达村	30.86056	120.8258	6.3	41.4	2.34	11.8	97
天凝镇	四达村	30.86083	120.8292	5.9	46.8	2.49	8.1	172
天凝镇	四达村	30.85936	120.8319	6.2	39.3	2.05	84	158
天凝镇	四达村	30.8625	120.8311	6.1	36.9	2.12	8.1	111
天凝镇	四达村	30.86472	120.8338	6.3	41.6	2.3	8.8	102
天凝镇	四达村	30.865	120.8371	6.1	42.5	2.58	44	178
天凝镇	四达村	30.86472	120.8311	5.8	39.9	2.35	12.7	96

（续表）

镇(街道)名称	村名称	北纬	东经	pH值	有机质(g/kg)	全氮(g/kg)	有效磷(mg/kg)	速效钾(mg/kg)
天凝镇	四达村	30.86611	120.8272	6.6	38.1	2.65	14.7	124
天凝镇	四达村	30.86944	120.8278	6.8	35	1.99	3.6	153
天凝镇	四达村	30.87222	120.8236	5.9	42.4	2.34	3.3	188
天凝镇	四达村	30.86903	120.8242	6.6	49.6	2.9	22.8	124
天凝镇	四达村	30.86717	120.8253	6.4	40.7	2.19	15.6	136
天凝镇	四达村	30.86464	120.825	6.4	46.8	2.42	9.2	106
天凝镇	四达村	30.86028	120.8256	6.3	39.4	2.22	15	112
天凝镇	四达村	30.85611	120.8256	6.6	30.7	1.77	10	97
天凝镇	四达村	30.85786	120.8286	6.5	46.9	2.52	14	186
天凝镇	翁村	30.87389	120.8362	6.3	46.2	2.5	39.6	208
天凝镇	翁村	30.87472	120.8386	6.2	60.3	3.42	39.7	124
天凝镇	翁村	30.87556	120.8772	5.8	47.2	2.57	6.8	164
天凝镇	翁村	30.88111	120.8431	6.8	53.8	3.07	17.9	150
天凝镇	翁村	30.88111	120.8408	6.3	52	2.96	18.9	125
天凝镇	翁村	30.88111	120.8383	6.6	59.8	3.29	3.9	247
天凝镇	翁村	30.88028	120.8331	5.9	51.8	2.87	14.8	136
天凝镇	翁村	30.87639	120.8319	6.3	49.6	2.65	9.8	168
天凝镇	翁村	30.87944	120.8303	6.2	61.2	3.26	28.4	213
天凝镇	翁村	30.88	120.8281	6.1	43.6	2.44	7.4	122
天凝镇	翁村	30.88083	120.8239	6	51.2	2.76	9.4	146
天凝镇	翁村	30.88	120.8236	5.8	47	2.73	7	153
天凝镇	翁村	30.88056	120.8206	6	44.4	2.43	11.7	155
天凝镇	翁村	30.875	120.8278	5.7	49.4	2.69	16	155
天凝镇	翁村	30.87667	120.8233	5.8	39.7	2.26	8.3	123

（续表）

镇(街道)名称	村名称	北纬	东经	pH值	有机质(g/kg)	全氮(g/kg)	有效磷(mg/kg)	速效钾(mg/kg)
天凝镇	翁村	30.87639	120.8192	5.9	48	2.62	13.7	188
天凝镇	翁村	30.88064	120.8327	6.3	51.4	3.05	7.4	139
天凝镇	翁村	30.87346	120.8269	6.2	42.9	2.18	10.3	123
天凝镇	新联村	30.85306	120.8069	6.3	59.6	3.57	301	171
天凝镇	新联村	30.85278	120.8025	6	46.5	2.83	118	117
天凝镇	新联村	30.85528	120.8028	5.7	39.4	2.42	25.1	114
天凝镇	新联村	30.85667	120.8014	6.1	47.8	2.78	244	221
天凝镇	新联村	30.8575	120.8033	5.4	45	2.79	60	167
天凝镇	新联村	30.85917	120.8017	6.4	36.3	2.3	62.5	121
天凝镇	新联村	30.85833	120.8	5.8	46.3	2.74	26.2	166
天凝镇	新联村	30.85972	120.7972	6.1	43.2	2.63	62.8	96
天凝镇	新联村	30.85583	120.7983	5.7	40.7	2.45	25.2	150
天凝镇	新联村	30.85472	120.7972	6.2	52.1	2.97	27.1	122
天凝镇	新联村	30.85278	120.7975	6.1	49.1	2.83	71.3	116
天凝镇	新联村	30.84944	120.7992	6.4	56.1	3.22	190.5	127
天凝镇	新联村	30.85717	120.7978	7	32.6	1.74	2	144
天凝镇	新顺村	30.86761	120.8186	6.2	38.2	2.24	16.8	85
天凝镇	新顺村	30.86967	120.8173	6.9	36.9	2.26	4.5	105
天凝镇	新顺村	30.87256	120.8258	6	48.7	2.75	22.2	151
天凝镇	新顺村	30.87431	120.8172	6.3	44.8	2.52	6.4	112
天凝镇	新顺村	30.87167	120.8128	6	42.6	2.45	10	117
天凝镇	新顺村	30.86931	120.8138	6.2	53.9	2.96	21.6	115
天凝镇	新顺村	30.88	120.8117	6.2	60.1	3.35	27.1	156
天凝镇	新顺村	30.87667	120.8122	6.3	37.7	2.27	9.9	95

（续表）

镇（街道）名称	村名称	北纬	东经	pH值	有机质（g/kg）	全氮（g/kg）	有效磷（mg/kg）	速效钾（mg/kg）
天凝镇	新顺村	30.875	120.8119	6.1	54.1	3.16	17.9	164
天凝镇	新顺村	30.8725	120.8139	6.4	49.3	2.58	17.7	108
大云镇	曹家村	30.80278	120.9661	6	31.1	1.92	33.3	123
大云镇	曹家村	30.80139	120.9689	5.6	25.7	1.84	25.4	97
大云镇	曹家村	30.79806	120.9694	5.9	22	1.44	101	95
大云镇	曹家村	30.79833	120.9828	6.1	30.2	1.72	15.5	105
大云镇	曹家村	30.79917	120.9733	6.3	30.3	1.92	36.4	140
大云镇	曹家村	30.8025	120.9761	5.5	32.9	1.93	33.8	161
大云镇	曹家村	30.80639	120.9733	5.9	27.6	1.87	68.6	152
大云镇	曹家村	30.80917	120.9733	6	29.2	1.79	18.2	123
大云镇	曹家村	30.80778	120.9767	6.1	31.4	2.04	81.3	104
大云镇	曹家村	30.81528	120.9722	5.9	36.3	2.29	17.2	111
大云镇	曹家村	30.81639	120.9683	5.6	28.8	1.54	29.9	96
大云镇	曹家村	30.81333	120.9692	5.3	30.1	1.96	98.5	185
大云镇	曹家村	30.81333	120.975	5.7	36.6	2.3	27.1	112
大云镇	曹家村	30.81222	120.98	6.1	28.8	1.87	17.8	124
大云镇	曹家村	30.80972	120.9772	5.2	26.7	1.83	62.9	104
大云镇	曹家村	30.81	120.9864	5.6	33.7	2.28	36.1	106
大云镇	曹家村	30.81167	120.9839	5.7	36.8	2.42	71.8	102
大云镇	曹家村	30.81083	120.98	5.5	22.2	1.54	78.5	104
大云镇	曹家村	30.80611	120.9697	5.5	26.5	1.77	63.7	115
大云镇	曹家村	30.80556	120.9672	5.6	30.6	2.1	25.5	125
大云镇	曹家村	30.80833	120.9633	3.2	26.1	1.91	22.3	348
大云镇	曹家村	30.81056	120.9661	5.8	33.1	2.06	23.7	120

（续表）

镇(街道)名称	村名称	北纬	东经	pH值	有机质(g/kg)	全氮(g/kg)	有效磷(mg/kg)	速效钾(mg/kg)
大云镇	曹家村	30.81083	120.9633	5.5	30	2.2	177	189
大云镇	曹家村	30.81194	120.9617	5.7	24.7	1.66	82.7	120
大云镇	曹家村	30.81111	120.96	5.7	36.3	2.16	64.2	139
大云镇	曹家村	30.81806	120.9611	5.9	36.5	2.24	38.2	142
大云镇	曹家村	30.81583	120.9594	5.5	29.2	1.91	28.8	86
大云镇	曹家村	30.81222	120.9564	5.4	33.4	2.43	92.5	324
大云镇	曹家村	30.80806	120.96	5.5	28.1	1.84	79.2	150
大云镇	曹家村	30.8075	120.9743	5.9	27.6	1.83	28	96
大云镇	曹家村	30.80636	120.9687	6.2	32.2	2.11	14	95
大云镇	大云村	30.78417	120.9308	6.2	29.7	1.77	54	180
大云镇	大云村	30.78278	120.9297	6	37.7	1.61	56.7	138
大云镇	大云村	30.77667	120.9303	5.4	32.8	2.31	29.9	143
大云镇	大云村	30.775	120.9303	5.8	30.4	2.14	60.8	133
大云镇	大云村	30.77889	120.9292	5.5	31.9	1.93	24.6	137
大云镇	大云村	30.77667	120.9336	5.2	31.1	2.11	84.3	259
大云镇	大云村	30.77583	120.9331	5.8	25.1	1.66	21.3	114
大云镇	东云村	30.79611	120.9544	5.3	29.9	1.94	64.6	138
大云镇	东云村	30.79889	120.9553	5.7	26	1.42	51	128
大云镇	东云村	30.79972	120.9589	5.4	34.3	2.23	35.3	114
大云镇	东云村	30.80222	120.9553	5.9	29.2	1.67	39.9	107
大云镇	东云村	30.80111	120.9614	5.6	30.8	2.16	71.4	112
大云镇	东云村	30.80444	120.9608	5.2	37.7	2.28	63.1	183
大云镇	东云村	30.80583	120.9575	5.4	28	1.82	64.5	118
大云镇	东云村	30.805	120.9539	5.3	30.2	2.06	26.4	157

（续表）

镇(街道)名称	村名称	北纬	东经	pH值	有机质(g/kg)	全氮(g/kg)	有效磷(mg/kg)	速效钾(mg/kg)
大云镇	东云村	30.80694	120.9497	5.7	33.3	2.21	63	124
大云镇	东云村	30.81083	120.9483	5.6	27	1.76	40.1	132
大云镇	东云村	30.81278	120.9514	5.7	37.5	2.36	61.5	102
大云镇	东云村	30.81417	120.9533	6.5	30	1.76	19.6	117
大云镇	东云村	30.81444	120.9475	6.2	37.3	2.48	32.6	127
大云镇	东云村	30.81139	120.9428	6.2	30.2	1.94	30	106
大云镇	东云村	30.80417	120.945	5.7	31.8	2.13	24	104
大云镇	东云村	30.80361	120.9394	5.8	23.6	1.56	62.2	114
大云镇	东云村	30.81264	120.9489	5.2	27.8	1.79	97.7	227
大云镇	东云村	30.81253	120.9499	4.9	26.7	1.62	107.1	198
大云镇	高一村	30.7825	120.9772	5.5	33	2.04	170.5	209
大云镇	高一村	30.78417	120.9808	5.9	26.5	1.71	81	224
大云镇	高一村	30.78472	120.9853	5.6	29.1	1.82	47.7	117
大云镇	高一村	30.78389	120.9894	3.5	27.4	1.71	50.3	107
大云镇	高一村	30.78806	120.9906	5.9	23.3	1.52	43	120
大云镇	高一村	30.79083	120.9844	6	38.6	2.32	32.3	133
大云镇	高一村	30.79472	120.9811	5.9	31.7	2.06	33	110
大云镇	高一村	30.795	120.9781	6.3	32.8	1.95	33.5	104
大云镇	高一村	30.78639	120.9767	6	28.9	1.7	13.4	110
大云镇	高一村	30.7875	120.9739	5.6	28.2	1.74	35.8	149
大云镇	高一村	30.78556	120.9708	5.7	25.5	1.75	81.5	147
大云镇	高一村	30.79417	120.9736	5.8	27.8	1.72	21.4	103
大云镇	高一村	30.79694	120.9725	6	29.8	1.65	22.7	155
大云镇	高一村	30.79111	120.9767	5.9	29.2	1.77	39.4	92

（续表）

镇(街道)名称	村名称	北纬	东经	pH值	有机质(g/kg)	全氮(g/kg)	有效磷(mg/kg)	速效钾(mg/kg)
大云镇	高一村	30.79028	120.9692	5.8	22.5	1.57	124.5	202
大云镇	高一村	30.78833	120.9675	5.9	37.6	2.05	13.8	159
大云镇	高一村	30.78583	120.9675	5.8	30.7	1.89	25.7	99
大云镇	高一村	30.78444	120.9686	5.6	26.7	1.85	111	214
大云镇	高一村	30.78461	120.9866	5.5	27.4	1.78	30.8	92
大云镇	高一村	30.78142	120.9844	4.8	30	1.96	109.9	292
大云镇	高一村	30.7908	120.9822	5.8	36.5	2.07	25.2	82
大云镇	江家村	30.78778	120.9456	5.8	27.1	1.66	20	108
大云镇	江家村	30.79472	120.9489	5.8	39.9	2.44	30	163
大云镇	江家村	30.79833	120.9492	5.7	29.5	1.8	57	132
大云镇	江家村	30.79861	120.9414	6	27.7	1.69	25.9	89
大云镇	江家村	30.79278	120.9417	6.1	30.8	1.89	13.1	175
大云镇	江家村	30.79306	120.9361	5.7	31	1.88	10.7	145
大云镇	江家村	30.79389	120.9342	3.8	38.4	2.03	19.7	155
大云镇	江家村	30.79778	120.9358	5.9	32.8	1.9	17.5	124
大云镇	江家村	30.79861	120.9325	5.2	29.9	2.26	44.5	193
大云镇	江家村	30.79722	120.93	6.1	26.7	1.6	14.5	131
大云镇	江家村	30.79583	120.9258	6	32.5	1.93	30.6	109
大云镇	江家村	30.79333	120.9267	6	33.2	1.91	59.3	138
大云镇	江家村	30.79222	120.93	3.6	31.9	2.07	27.1	143
大云镇	江家村	30.79	120.93	5.4	32	2.24	93	204
大云镇	江家村	30.78861	120.9261	5.4	33.1	2.18	145	204
大云镇	江家村	30.78694	120.9322	5.7	28.5	1.78	36.4	116
大云镇	江家村	30.79	120.9361	5.8	30.1	1.8	24.7	132

（续表）

镇(街道)名称	村名称	北纬	东经	pH值	有机质(g/kg)	全氮(g/kg)	有效磷(mg/kg)	速效钾(mg/kg)
大云镇	江家村	30.79194	120.9381	5.9	25.9	1.59	27.2	108
大云镇	江家村	30.79286	120.9292	6.1	34.7	2.09	11.7	107
大云镇	江家村	30.79431	120.9354	6.2	35.3	1.93	47.3	204
大云镇	吕公桥村	30.78194	120.9189	5.7	30.5	1.87	28.1	121
大云镇	吕公桥村	30.77972	120.9183	6.3	27.6	1.74	15.7	112
大云镇	吕公桥村	30.77583	120.9186	5.8	27.4	1.49	17.6	123
大云镇	吕公桥村	30.77361	120.9186	5.1	37.1	2.7	92	122
大云镇	吕公桥村	30.77139	120.9181	6.1	29.9	1.69	19.5	134
大云镇	吕公桥村	30.76944	120.9167	5.9	29	1.8	33.5	212
大云镇	吕公桥村	30.76694	120.9189	6.4	31.8	1.77	49.3	194
大云镇	吕公桥村	30.76528	120.9189	5.7	30.9	1.74	42.4	137
大云镇	吕公桥村	30.76833	120.9231	5.8	32.6	1.96	39.8	177
大云镇	吕公桥村	30.77139	120.9253	5.5	26.7	1.67	13.9	128
大云镇	吕公桥村	30.77528	120.9253	5.1	25.2	1.6	78	184
大云镇	吕公桥村	30.77972	120.9239	5.7	30.4	1.85	20.3	121
大云镇	吕公桥村	30.79333	120.9192	6.9	23.2	1.22	20.4	95
大云镇	吕公桥村	30.79472	120.9214	5.8	36	2.13	66.1	136
大云镇	吕公桥村	30.79694	120.9158	5.9	29.5	1.72	62.4	112
大云镇	吕公桥村	30.76885	120.9245	5.7	29.5	1.79	21	117
大云镇	吕公桥村	30.78863	120.9223	5.8	28.6	1.53	15.4	126
大云镇	缪家村	30.7825	120.9644	5.8	23.6	1.56	62.2	114
大云镇	缪家村	30.78583	120.9639	3.4	25.3	1.61	56.6	120
大云镇	缪家村	30.7875	120.9631	5.7	30.3	1.88	20	99
大云镇	缪家村	30.78972	120.9622	5.9	27.1	1.66	31.9	93
大云镇	缪家村	30.79167	120.9633	5.9	38.5	2.25	22.5	147

（续表）

镇(街道)名称	村名称	北纬	东经	pH值	有机质 (g/kg)	全氮 (g/kg)	有效磷 (mg/kg)	速效钾 (mg/kg)
大云镇	缪家村	30.79472	120.9622	3	31.9	1.95	34.5	172
大云镇	缪家村	30.79417	120.9578	6	31.5	1.92	29	106
大云镇	缪家村	30.79417	120.9536	5.8	31.3	1.83	30.3	80
大云镇	缪家村	30.79278	120.9539	6.3	34	1.94	26	116
大云镇	缪家村	30.78944	120.9528	6.1	33	1.88	12.3	121
大云镇	缪家村	30.78833	120.9592	3.3	23.4	1.45	31.7	133
大云镇	缪家村	30.78444	120.9597	5.2	31.9	2.06	129.5	161
大云镇	缪家村	30.78794	120.9612	5.8	22.1	1.57	18.2	70
大云镇	缪家村	30.79792	120.9593	6.1	26.9	1.83	14.5	96
大云镇	洋桥村	30.79917	120.9161	5.6	25.1	1.57	81.3	201
大云镇	洋桥村	30.81667	120.9167	5.9	31.5	1.88	58.8	144
大云镇	洋桥村	30.79778	120.9225	3.5	31.2	1.81	23.1	112
大云镇	洋桥村	30.80111	120.9231	6.2	25	1.49	28.7	143
大云镇	洋桥村	30.80639	120.9228	3.5	34	2.33	19.9	369
大云镇	洋桥村	30.80944	120.9242	6.3	34.8	2.1	92	188
大云镇	洋桥村	30.80528	120.93	5.9	27.7	1.65	16	110
大云镇	洋桥村	30.80333	120.9289	5.7	29.6	1.78	70.5	213
大云镇	洋桥村	30.80167	120.9297	5.8	27.7	1.82	84.9	172
大云镇	洋桥村	30.80306	120.9322	6.1	35.9	2.03	37.5	133
大云镇	洋桥村	30.80167	120.9364	5.9	38.7	2.16	18.7	160
大云镇	洋桥村	30.80556	120.9353	7	29.5	1.72	51	130
大云镇	洋桥村	30.80667	120.9378	6.4	27.4	1.73	13.8	112
大云镇	洋桥村	30.80467	120.9238	6.2	37.8	2.49	30.4	138
大云镇	洋桥村	30.79839	120.9217	5.9	22.1	1.43	17.3	82

附录2 嘉善县耕地地力评价工作大事记及相关附图

一、嘉善县耕地地力评价工作大事记

2008年4月　　　组织申报嘉善县测土配方施肥补贴资金项目

2008年4月　　　成立了耕地地力评价领导小组和实施小组

2008年5月　　　开展耕地地力评价野外采样调查布点工作

2008年5—6月　　开展耕地地力评价野外采样调查技术培训

2008年7—9月　　开展耕地地力评价野外采样调查前期物质准备工作

2008年7月29日　　省土肥站陈红金副站长带队来善检查指导测土配方施肥工作

2008年10—12月　　开展耕地地力评价野外采样调查工作

2008年10月至2010年6月　　开展耕地地力评价样品分析测试工作

2009年8月5日　　省土肥站赵琳站长带队来善检查指导土肥实验室建设工作

2010年6—12月　　开展耕地地力评价图件资料和土壤样品数据收集与整理工作

2010年6—10月　　开发耕地地力和配方施肥信息系统

2010年11月至2011年2月　　开展耕地地力评价数据上图入库工作

2011年2—7月　　开展耕地地力评价工作

2011年8—11月　　撰写耕地地力评价工作、技术和专题报告

2011年12月　　耕地地力评价项目验收

二、附 图

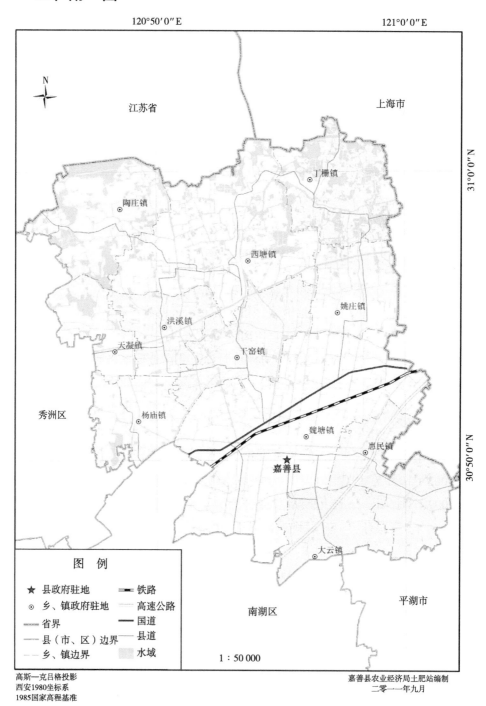

嘉善县行政区划图

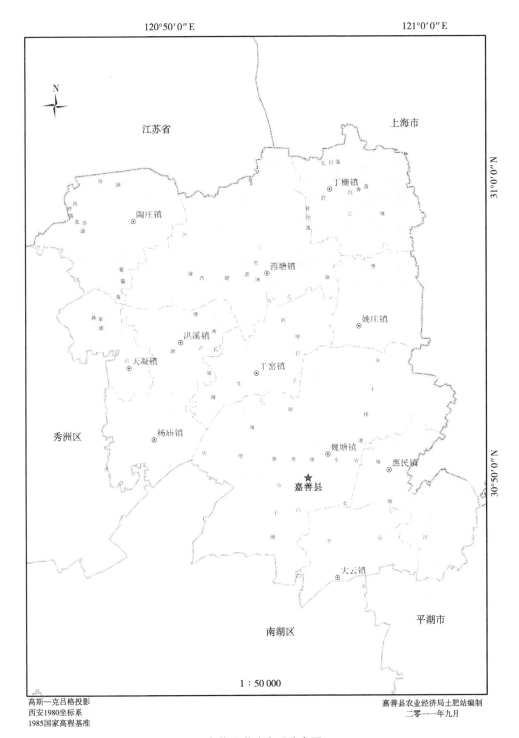

120°50′0″E   121°0′0″E

N

江苏省   上海市

31°0′0″N

长白荡

丁栅镇

陶庄镇

西塘镇

姚庄镇

洪溪镇

大凝镇

干窑镇

秀洲区

杨庙镇

魏塘镇   惠民镇

30°50′0″N

★嘉善县

大云镇

南湖区   平湖市

1：50 000

高斯—克吕格投影
西安1980坐标系
1985国家高程基准

嘉善县农业经济局土肥站编制
二零一一年九月

嘉善县道路水系分布图

· 195 ·

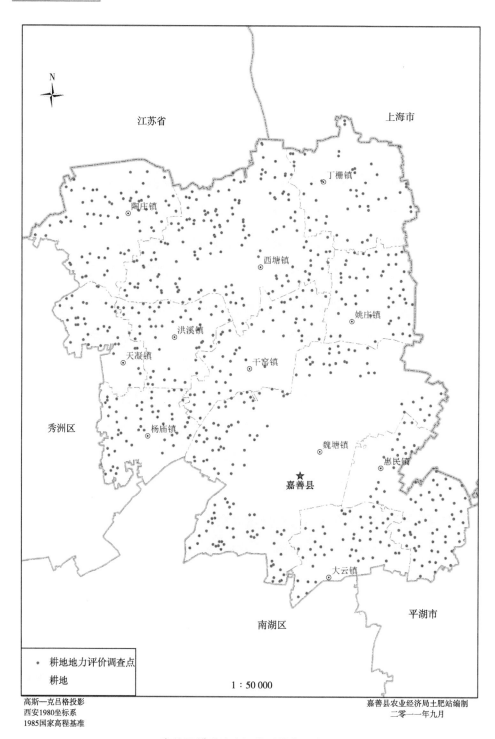

高斯—克吕格投影
西安1980坐标系
1985国家高程基准

嘉善县农业经济局土肥站编制
二零一一年九月

嘉善县耕地地力评价采样点分布图

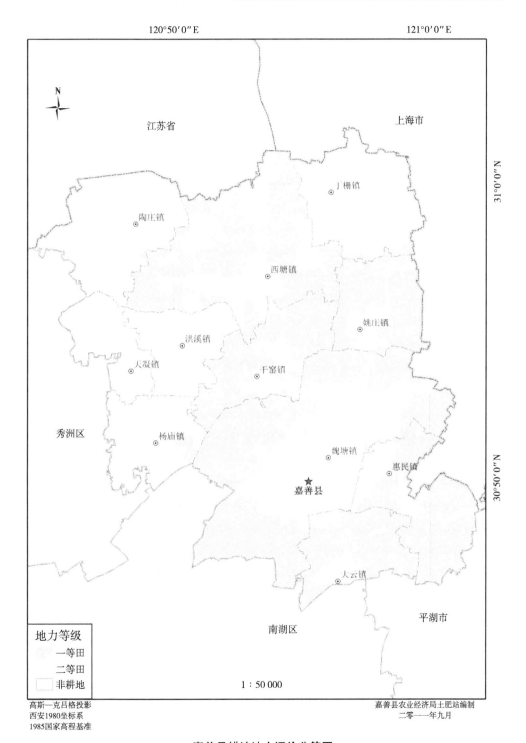

120°50′0″E   121°0′0″E

江苏省   上海市

丁栅镇

陶庄镇

西塘镇

姚庄镇

洪溪镇

天凝镇   干窑镇

秀洲区

杨庙镇

魏塘镇   惠民镇

★ 嘉善县

大云镇

南湖区   平湖市

31°0′0″N

30°50′0″N

地力等级
一等田
二等田
非耕地

1 : 50 000

高斯—克吕格投影
西安1980坐标系
1985国家高程基准

嘉善县农业经济局土肥站编制
二零一一年九月

嘉善县耕地地力评价分等图

· 197 ·

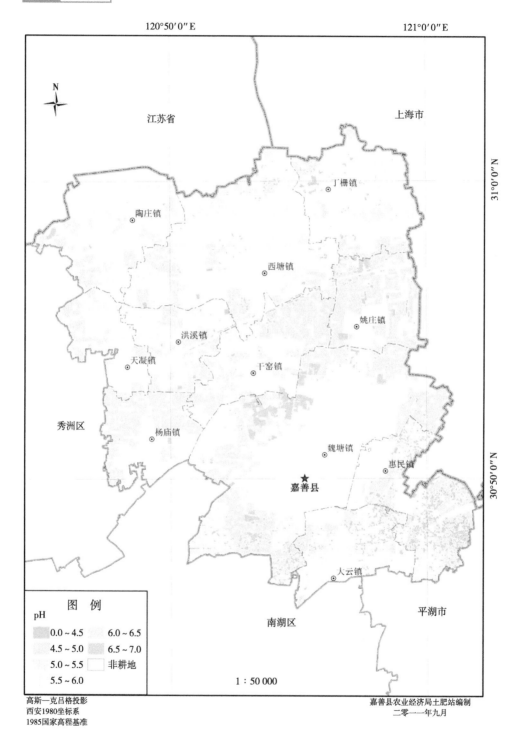

嘉善县土壤pH值分布图

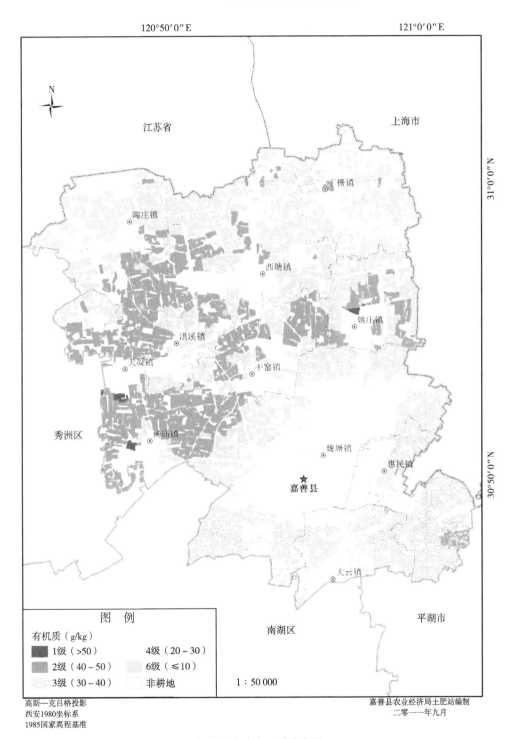

嘉善县土壤有机质分布图

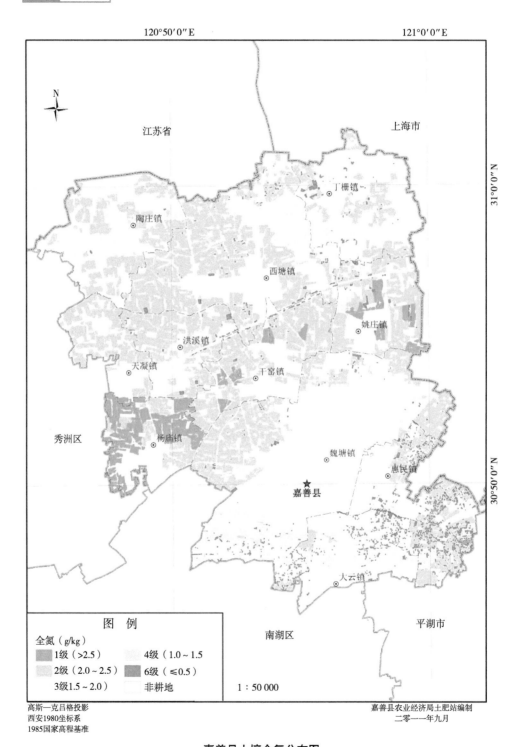

嘉善县土壤全氮分布图

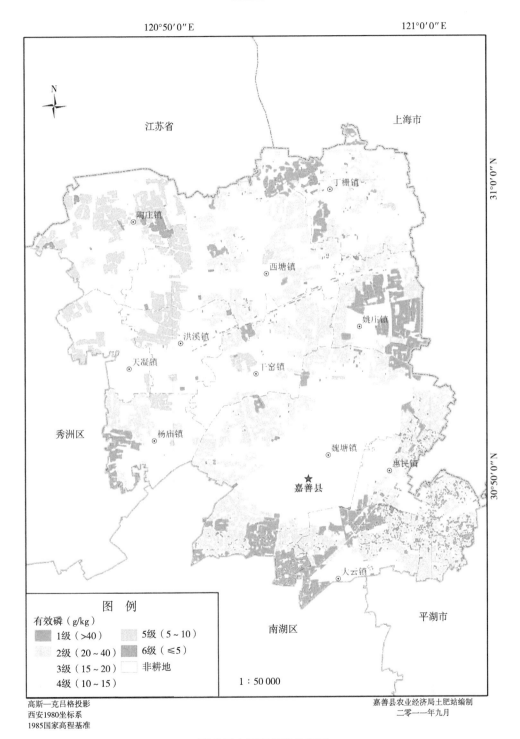

嘉善县土壤有效磷分布图

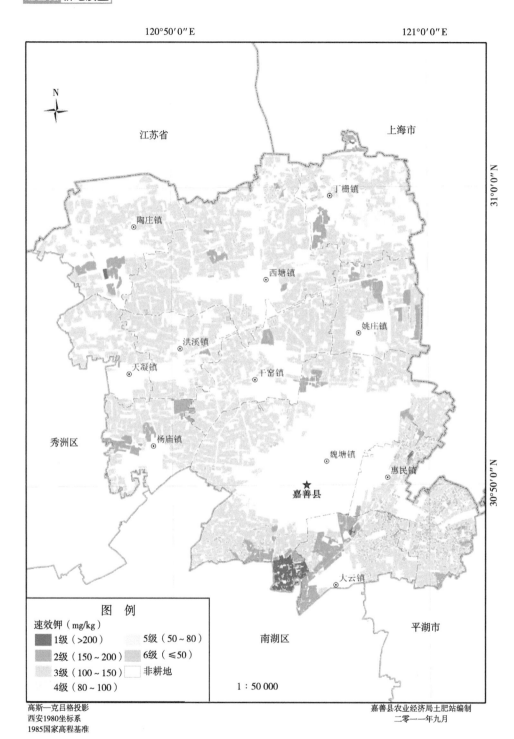

嘉善县土壤速效钾分布图

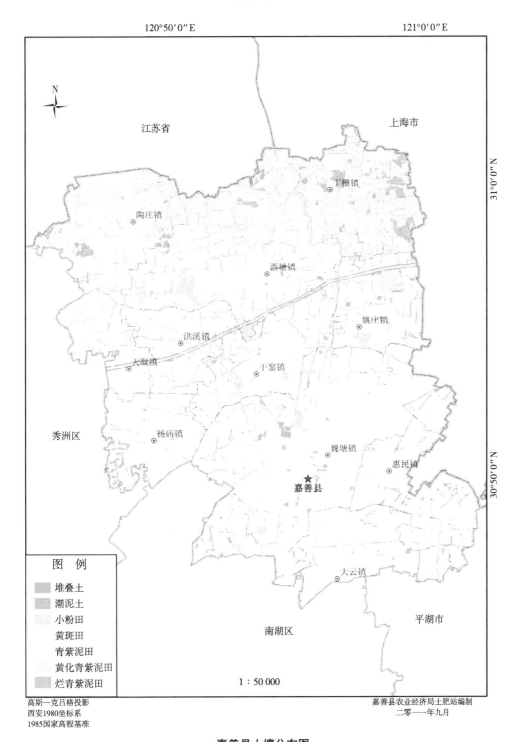

图　例

堆叠土
潮泥土
小粉田
黄斑田
青紫泥田
黄化青紫泥田
烂青紫泥田

1：50 000

高斯—克吕格投影
西安1980坐标系
1985国家高程基准

嘉善县农业经济局土肥站编制
二零一一年九月

嘉善县土壤分布图